AF469863

MANUEL PRATIQUE

DU

NATURALISTE-EMPAILLEUR

EN VENTE A LA MÊME LIBRAIRIE :

Nouveau manuel pratique du Pêcheur à la ligne. — Matériel du pêcheur. — Travaux pratiques du pêcheur. — Les amorces. — Esches ou appâts. — Différents genres de pêche à la ligne. — Pêche particulière de chaque poisson. — Pêche en mer. — Législation de la pêche, par G. LANORVILLE, avec préface de R. DE SAINT-AROMAN, 1 vol. in-8° colombier, 170 pages, 136 figures. — Prix . . . . 3 fr.

Fabrication et Emploi des Filets de Pêche, par le commandant VANNETELLE : 1 vol. in-16, 64 figures. — Prix. . . . . 3 fr.

Nouveau Manuel du Conducteur d'Automobiles, par Maurice FARMAN et P. MAISONNEUVE. — Théorie du moteur. — Organes. — Graissage. — Carburateurs. — Allumage. — Embrayage. — Changement de vitesse. — Freins. — Châssis. — Les pneumatiques. — Conseils pratiques. — Les pannes et les moyens d'y remédier. — Un beau volume in-8°. Cartonnage toile anglaise, 1907-08. — Prix. . . . . 5 fr. 50

Les Aéroplanes. Historique, Calcul et Construction des aéroplanes, par DE GRAFFIGNY, 1 vol. in-8° avec figures et 4 planches hors texte, 1909. — Prix. 4 fr.

BIBLIOTHÈQUE DES ACTUALITÉS INDUSTRIELLES, N° 135.

MANUEL PRATIQUE

DU

NATURALISTE-EMPAILLEUR

LA TAXIDERMIE

A LA PORTÉE DE TOUS

PAR

PAUL HASLUCK

Édition française par L. GRUNY

108 FIGURES DANS LE TEXTE

PARIS
LIBRAIRIE BERNARD TIGNOL
PUBLICATIONS DE LA
Librairie de l'École Centrale des Arts et Manufactures
53 *bis*, QUAI DES GRANDS-AUGUSTINS, 53 *bis*

MANUEL PRATIQUE

DU

NATURALISTE-EMPAILLEUR

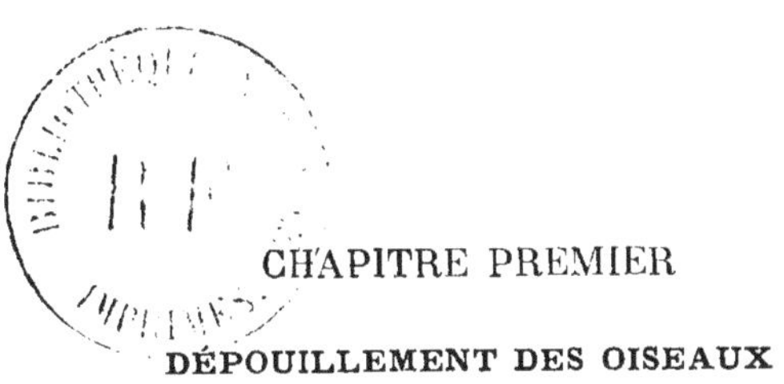

CHAPITRE PREMIER

DÉPOUILLEMENT DES OISEAUX

On a défini la taxidermie l'art de préparer et de conserver les peaux des animaux, et aussi de les empailler et de les monter de façon à leur donner une ressemblance aussi complète que possible avec les formes vivantes. Cet art se divise facilement en trois grandes sections : 1° Oiseaux, 2° mammifères, 3° poissons; et, ainsi qu'on peut le voir d'un coup d'œil dans les pages qui suivent, cette classification a été adoptée dans ce livre. En outre, la taxidermie a été étendue davantage, de façon à comprendre la conservation et le montage des insectes, sujet qui, en réalité, fait partie de la science de l'entomologie ; il est donné de brèves instructions dans cette branche moins importante de la taxidermie, quoi qu'il en soit, afin de rendre ce manuel absolument complet.

Le dépouillement, l'empaillage et le montage des oiseaux forment la première partie du sujet qui y sera traité.

Très peu d'outils sont nécessaires au taxidermiste, car il est possible d'écorcher et les oiseaux et les petits mammifères rien qu'avec un canif et une paire de ciseaux, et, avec l'aide complémentaire d'une paire de pinces, de les empailler et de les monter.

Toutefois, il n'est pas toujours bon de travailler avec des outils mal adaptés au travail, et on devra se procurer la plupart de ceux qui sont indiqués ci-après, sinon tous ; mais nous conseillons aux débutants de ne pas acheter les « boîtes d'outils d'empailleurs » pour lesquelles on fait de la publicité, car ils pourront trouver une moitié de l'outillage inutile, ou sans emploi fréquent.

Le premier objet indispensable est un couteau (fig. 1). Un canif, s'il peut recevoir un bon tranchant, fera l'affaire tout aussi bien qu'une boîte de lancettes et de scalpels. Un bon couteau pour cet usage est un

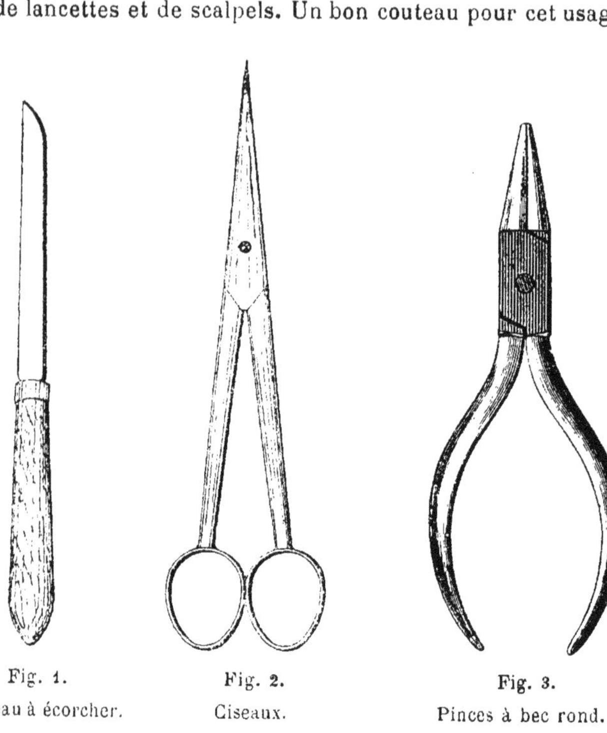

Fig. 1. Couteau à écorcher.

Fig. 2. Ciseaux.

Fig. 3. Pinces à bec rond.

vieux « tranchet » de cordonnier, et il peut être aiguisé sur un cuir à rasoir recouvert de toile émeri de deux numéros différents ; on peut encore se servir d'une pierre à rasoir, au lieu d'un cuir.

Ensuite, l'outil nécessaire est une paire de ciseaux à pointes fines (fig. 2), du genre connu sous le nom de « ciseaux à raisins », dont on se sert pour tailler les raisins; ils sont longs de poignée et ont des lames courtes, droites et fines. Il est utile, mais non indispensable, d'en avoir une deuxième paire de plus solides, avec les bouts arrondis, pour couper l'étoupe, et ceux-ci doivent être grands et très forts.

Les pinces à bec rond (fig. 3) sont employées surtout pour le fil de fer fin, de sorte que plus elles sont fines, mieux cela vaut. Les tenailles tranchantes (fig. 4) doivent être grandes et résistantes, attendu que l'on s'en sert pour couper le fil de fer; les parties tranchantes peuvent se trouver soit en haut de l'outil, soit sur les côtés. Les cisailles (fig. 5

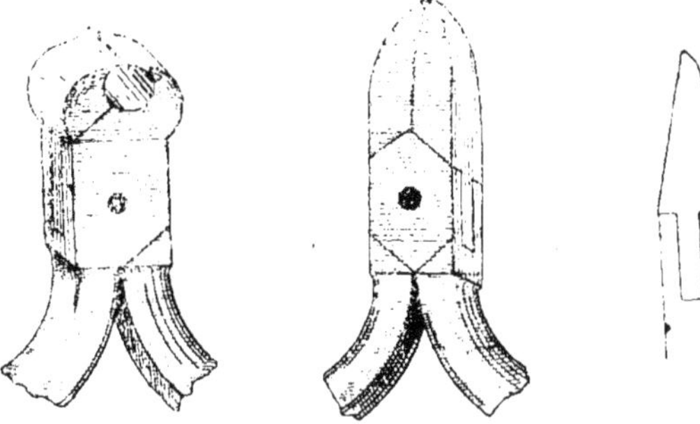

Fig. 4. — Tenailles tranchantes. Fig. 5 et 6. — Cisailles.

et 6), elles aussi, sont utiles; elles sont du genre de celles dont l'on se sert pour déboucher les bouteilles de champagne.

Elles ressemblent comme forme aux ciseaux à ongles ordinaires, mais les mâchoires en sont droites, au lieu d'être recourbées. En gé-

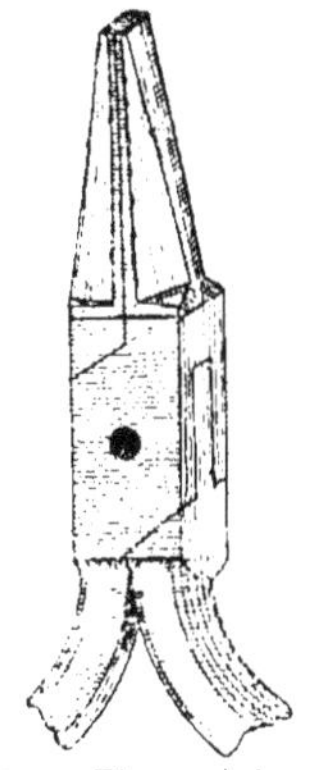

Fig. 7. — Pinces à bec plat.

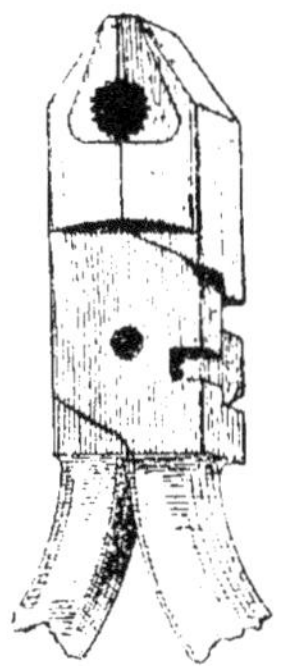

Fig. 8. — Pinces d'électricien.

néral, les taxidermistes ne s'en servent pas, mais elles sont très précieuses et employées à découper les os des jambes, des ailes, etc.; elles couperont un muscle tout aussi bien que des ciseaux, étant, en outre, très utiles pour sectionner les fils de fer fins. Les pinces à bec plat (fig. 7) sont employées pour travailler les fils de fer plus gros. Nombre de personnes se servent de pinces ordinaires d'électricien (fig. 8), car elles réunissent les avantages que présentent les tenailles tranchantes et les pinces à bec plat.

La curette et le crochet servent à quelques personnes, mais ne sont pas nécessaires, en réalité. Pour fabriquer un outil donnant des résultats satisfaisants, limez une aiguille à tricoter de manière à amincir progressivement l'une des extrémités que vous recourbez de manière à lui donner la forme d'un petit crochet, après l'avoir chauffé (fig. 9). Martelez l'autre extrémité de façon à lui donner à peu près la forme d'une cuiller, puis achevez-la à la lime.

On a besoin d'un instrument pour lisser les plumes ; dans ce but, quelques personnes se servent d'une paire de pinces d'horloger ayant des lames assez longues.

Mais il n'y a besoin que de très peu de force, de sorte qu'elles peuvent être aussi fines que possible, et avoir des bouts plutôt larges.

Des pinces-ciseaux (fig. 10) paraissent être un outil parfait pour cet usage, lorsque les barres qui se trouvent à l'extrémité des lames ont été complètement limées. Ce qui convient le mieux après les pinces-ciseaux, ce sont des petites pinces droites ou recourbées, ayant de 15 à 20 centimètres de long.

Le bourroir est représenté par les figures 11 et 12; pour le fabriquer, martelez l'une des extrémités d'une aiguille à tricoter, en acier, de façon à l'aplatir comme un ciseau, puis faites, à la lime, une ou deux encoches dans la partie aplatie. Ajustez ensuite l'outil à un manche.

On devra se procurer deux alènes de cordonnier, l'une fine et l'autre grosse ; elles seront très utiles dans un grand nombre de cas. Une ou deux aiguilles à tricoter rendront également service.

Il est bon aussi d'avoir un poinçon à manche ; on peut le fabriquer avec une aiguille à tricoter dont l'une des extrémités est aiguisée en fine pointe, et l'autre, insérée dans un manche (voir fig. 13). Une lime triangulaire est également nécessaire, pour affiler les fils de fer.

On attache un petit crochet effilé à une corde suspendue par un crochet au plafond. C'est à ce petit crochet (fig. 14) que l'oiseau est pendu tandis qu'on le dépouille ; de la sorte, la main gauche de l'opérateur peut écarter les plumes de la chair. Certaines personnes se servent de chaînes à crochet que représente la figure 15.

A l'aide des outils énumérés plus haut, on peut empailler n'importe quel oiseau, ou, en y ajoutant un gros bourroir, toute espèce d'animal, du moins, jusqu'à la taille d'un loup, et il n'y a que peu de débutants qui se hasarderont au-delà.

Il faut avoir aussi un paquet d'épingles, une bobine de coton, une aiguille (la sorte ordinaire suffira, bien que beaucoup de personnes se servent d'aiguilles triangulaires de gantier), un peu d'étoupe et de coton brut, et du plâtre. Le plâtre est fort utile et on doit toujours en avoir sous la main. Au lieu d'étoupe, on peut employer pour bourrer du coton brut.

Le taxidermiste aura besoin d'un préservatif quelconque. Ceux qui sont mentionnés ci-dessous sont considérés comme particulièrement appropriés pour la préparation des oiseaux, mais on pourra trouver

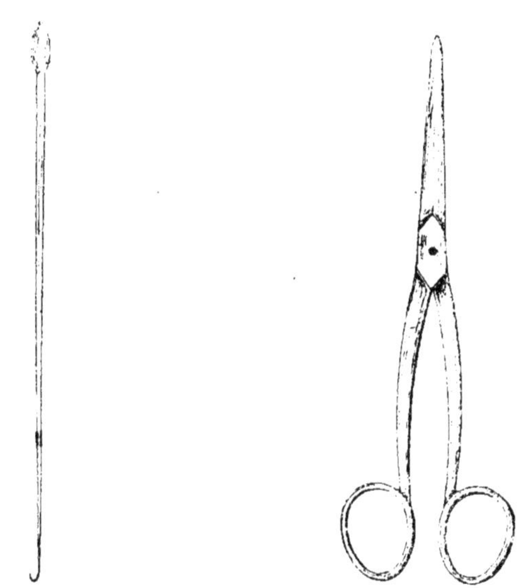

Fig. 9. — Curette et crochet.   Fig. 10. — Pinces à plumes.

dans un chapitre suivant quelques autres recettes pour la conservation des mammifères.

On applique le préservatif pour sécher les peaux ; pendant ce séchage, les fibres se contractent naturellement, tiraillant la peau dans tous les sens. Pour neutraliser cet effet, il est d'usage de mettre à l'intérieur de sa peau un corps artificiel en étoupe ou en coton.

Le préservatif dont se servent la plupart des taxidermistes est le savon arsenical inventé par Bécœur en 1770, ou un produit analogue. En voici la composition : camphre, 150 grammes ; arsenic blanc, 1 kilogramme ; savon blanc, 1 kilogramme ; sels de tartre, 60 grammes ; craie, 120 grammes. Nous donnons ci-dessous la formule de plusieurs sortes différentes de ce savon qui sont employées par certains taxidermistes.

1. — Sublimé corrosif, 15 grammes; arsenic, 15 grammes; esprit de vin, 7 grammes; camphre, 15 grammes; savon blanc, 180 grammes.

2. — Arsenic, 30 grammes; savon blanc, 30 grammes; carbonate de potasse, 2 grammes; eau, 10 grammes; camphre, 3 grammes.

3. — Savon blanc, 2 kilogrammes; arsenic, 500 grammes; camphre, 30 grammes.

Le plus souvent, chaque taxidermiste a sa recette personnelle; les trois formules qui précèdent sont suffisantes pour montrer les proportions que l'on emploie généralement.

Voici de quelle manière on procède pour faire les préservatifs. On coupe le savon dans un récipient contenant de l'eau et placé sur le feu ou près du feu, et on le laisse se dissoudre. Ensuite, on verse petit à petit, en remuant, l'arsenic, préalablement réduit en poudre, dans le mélange encore chaud; puis on ajoute la craie, le tartre, le sublimé, etc. On ne doit pas rester la tête au-dessus de la casserole, parce qu'il se dégage des vapeurs désagréables. Le camphre se dissout toujours mieux dans de l'esprit de vin, à part, et on l'ajoute alors au mélange tiédi, mais pas encore froid, en agitant continuellement.

Mettez une étiquette « Poison mortel » et employez le préservatif avec de grandes précautions.

Le produit doit avoir la consistance de la crème épaisse, et on doit réserver un petit pinceau à son application exclusive.

S'il est trop sec, il faut le diluer avec de l'eau chaude. Le savon arsenical a ses avantages, mais il est d'un emploi très dangereux; et le taxidermiste ne saurait être trop prudent lorsqu'il s'en sert.

Nous conseillons de ne pas employer de poudre composée à l'arsenic, parce qu'elle pourrait attaquer la peau des mains.

Le préservatif non vénéneux de Browne est peut-être le savon préservatif le plus répandu. Il se compose de: blanc d'Espagne, 750 grammes; savon blanc, 250 grammes; chlorure de chaux, 15 grammes; teinture de musc, 15 grammes; eau, un demi-litre.

Pour le préparer, couper le savon en morceaux minces et le faire bouillir dans l'eau avec le blanc d'Espagne. Lorsque le savon est fondu et le blanc d'Espagne incorporé au mélange, il faut retirer celui-ci du feu. Plus on le fait bouillir longtemps, plus il faut y mettre d'eau. Quand il prend la consistance de la crème épaisse, on doit le retirer du feu et y ajouter le chlorure, en remuant, tout en se tenant la tête à distance, à cause des vapeurs désagréables qui se dégagent. Quand le préservatif est froid, y ajouter le musc, qui a surtout pour but de masquer l'odeur déplaisante. On peut remplacer la teinture de musc par de la teinture de camphre, obtenue en faisant dissoudre du camphre dans l'esprit de vin, bien que celle-ci soit moins stable. Avoir soin d'ajouter la teinture au mélange lorsqu'il est froid, car, autrement, la plus grande partie de sa force serait perdue. Le mélange se fait peut-être plus facilement si on augmente légèrement la quantité d'eau, bien qu'il soit préférable de le faire épais et de le diluer avec de l'alcool au moment de s'en servir. Mis dans de petits bocaux bien soigneusement bouchés, ce préservatif se conserve indéfiniment. S'il se dessèche, on peut, natu-

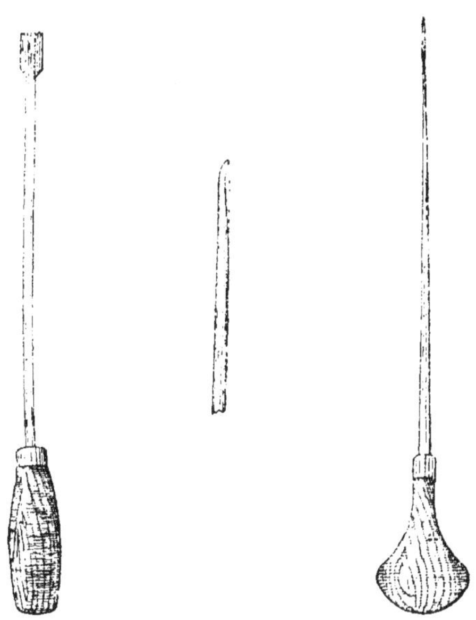

Fig. 11 et 12. — Bourroirs. Fig. 13. — Poinçon.

rellement, le diluer avec de l'eau. Il est supérieur à tous les autres savons arsenicaux, bon marché, non vénéneux, et a une odeur agréable. Il est si bon marché qu'il revient à moins de deux centimes pour le traitement d'un sansonnet ou d'un merle ; si on prend de la teinture de camphre au lieu de la teinture de musc, il est un peu meilleur marché, mais moins bon. On applique ce préservatif avec un pinceau sur la face intérieure des peaux, et alors on procède à l'empaillage ; de sorte que le préservatif reste sur les peaux pour toujours. Bien entendu, le préservatif n'a d'action que sur la peau, les poils et les plumes ne nécessitant pas un semblable traitement.

Lorsqu'on a sous la main les outils, le plâtre, l'étoupe, le coton, l'aiguille et le fil de coton, le préservatif, etc., on peut commencer à dépouiller un oiseau, de préférence un sansonnet, parce que celui-ci est de taille moyenne et que la peau en est dure.

Étendez un morceau de papier sur la table et placez-y l'oiseau, la tête du côté de l'opérateur. Ayez soin que le bec soit bien rempli par un tampon pour éviter que des matières s'épanchent et salissent les plumes. Passez ensuite une aiguille et du coton dans les narines et attachez les mandibules ensemble ; ceci a une grande importance avec les oiseaux qui ont la face blanche, ainsi qu'avec les piverts ; mais, bien qu'elle soit moins nécessaire quand il s'agit d'un sansonnet, il vaut mieux prendre cette précaution dans tous les cas.

Brisez alors les os de l'aile aussi près que possible du corps (fig. 16, D, D). Lorsqu'on ne peut y parvenir avec les doigts ou avec les pinces, on doit frapper assez fort l'aile avec un morceau de bois (un lourd rouleau de bois, par exemple), en tenant l'oiseau, l'aile posée sur le bord de la table.

Avec les doigts et la pointe du couteau, écartez soigneusement les plumes le long de la poitrine, en découvrant la peau. Coupez celle-ci sur toute la longueur de la poitrine, dans la direction de la queue, comme l'indique la ligne AB (fig. 16). Ceci fait, soulevez avec précaution la peau sur l'un des côtés de l'entaille et détachez cette peau de la chair en poussant, en coupant, ou de toute autre façon, mais sans la *tirer*, et, ce faisant, maintenez le tranchant du couteau contre la chair. Prenez votre temps pour faire cela, parce que la peau peut facilement se distendre démesurément. Saupoudrez continuellement de plâtre la chair mise à nu pour empêcher que les plumes puissent se salir, et plongez fréquemment vos doigts dans le plâtre pulvérulent, dans le même but.

Après avoir poussé l'opération aussi loin que possible d'un côté, répétez-la de l'autre. Avec un peu de soin, on peut ensuite dégager le cou, puis, au moyen des cisailles (fig. 5), il faut le couper aussi près que possible du corps, comme le montre la figure 16, en C. Mettez alors beaucoup de plâtre. Le sectionnement du cou dégage considérablement les épaules, et il sera maintenant possible, sans doute, de travailler l'aile suffisamment pour pouvoir la détacher (D, D). Ici encore on peut se servir des cisailles ; en somme, on ne rencontrera pas de difficultés pour couper avec ces cisailles l'aile du plus grand oiseau, bien que, dans le cas actuel, les ciseaux soient bien suffisants. Détachez l'autre aile, et suspendez l'oiseau au crochet (fig. 14). Soulevez avec grand soin la peau du dos, en vous servant de la main gauche pour empêcher les plumes de se coller sur la chair. Saupoudrez beaucoup de plâtre. Vous atteindrez bientôt les pattes. Saisissez la tarse avec la main droite et poussez vers le haut, en poussant en même temps la peau par en bas avec la main gauche. On peut maintenant voir clair entre la peau et la chair. Introduisez les ciseaux dans l'in-

Fig. 14. — Crochet. Fig. 15. — Chaînes et crochets.

tervalle et coupez le membre à l'articulation (E, E, fig. 16). Répétez la même opération avec l'autre patte et procédez au dépouillement, mais prenez des précautions, car la peau du dos est très mince. Le croupion apparaît ensuite. L'os doit en être soigneusement coupé avec les

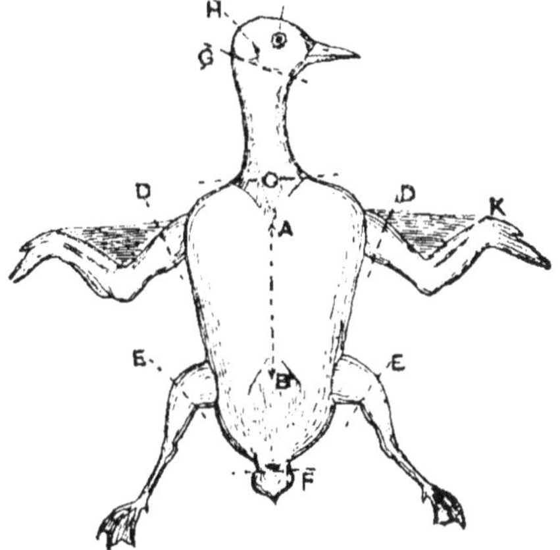

Fig. 16. — Oiseau.

cisailles ou avec les ciseaux (F, fig. 16). Dépouillez en remontant, au lieu de descendre, car vous êtes parvenu à une extrémité. En opérant prudemment, à ce point, vous aurez bientôt la peau, pendant à la partie inférieure de l'intestin qui, après avoir été coupé à l'aide des ciseaux, dégage la peau entière.

Détachez le corps du crochet, mais ne le jetez pas encore. Fixez maintenant le crochet dans le cou, et, avec les doigts seulement, faites filer la peau du cou, sans la tirer. Il faut prendre certaines précautions lorsque vous atteignez la tête. Cependant, la peau glisse facilement jusqu'au moment où un morceau blanchâtre de peau apparaît de chaque côté (H, fig. 16). Ce sont les oreilles, et il faut que la peau en sorte entièrement. On obtient ce résultat facilement en faisant passer l'alène en dessous et en soulevant ; ayez bien soin que l'alène aille sous la peau du fond. Si l'opération est bien faite, la peau de l'oreille sortira sous forme de petite poche jusqu'à ce que l'air en ait été expulsé par une pression. Ensuite, continuez soigneusement votre travail jusqu'à ce que vous soyez arrêté de nouveau par une partie plus foncée sur chacun des côtés. Ce sont les yeux (I, fig. 16) ; avec le couteau, taillez très légèrement vers la chair. Vous trancherez ensuite une peau presque transparente qui est près de l'œil, et alors, il se trouvera que la peau de l'oiseau ne pendra plus que par le coin le plus rapproché du bec. Coupez maintenant le cou à la base du crâne (G, fig. 16). Posez la peau, enlevez le tampon qui est dans le bec et faites sortir les yeux avec l'alène. Ensuite, arrachez la langue en plaçant le couteau en dessous, en mettant le pouce au-dessus et en tirant fortement. Puis, agrandissez l'ouverture qui se trouve à la partie postérieure du crâne, en entaillant davantage dans la direction du bec ; en somme, aucune portion du sommet du crâne ne doit être enlevée. Alors, avec la pointe du couteau ou avec la curette, videz la boîte crânienne ; grattez et découpez avec soin tous les petits morceaux de chair qui sont au fond des orbites, et sur les côtés de la tête.

Les pattes et les ailes doivent maintenant être nettoyées et décharnées. Il importe peu de commencer par les unes ou par les autres. La peau des pattes se retourne facilement jusqu'à l'endroit où les plumes finissent, et, en tranchant les tendons à la jointure du « genou », il se peut que toute la chair se détache d'une seule pièce. Enduisez alors de préservatif l'os et la peau. Enroulez un peu de fine étoupe autour de l'os jusqu'à ce qu'il ait à peu près le volume de la patte naturelle, puis ramenez la peau par-dessus. Faites-en autant pour l'autre côté. Pour dégager la queue, il est nécessaire d'enlever les parties charnues, grasses, du croupion, mais il faut avoir bien soin de ne pas couper les plumes de la queue, parce qu'alors elles tomberaient et ne pourraient être replacées.

Passez ensuite aux ailes. En tenant l'os dans une main, on atteint aisément la jointure, et on la passe sans difficulté. A cet endroit, se trouvent deux os qui encadrent un petit morceau de chair ovale.

Comme les plumes de l'aile tiennent au plus gros de ces os, il ne peut pas être bien facilement dépouillé ; alors, on enlève la chair avec la pointe du couteau et on la découpe en petits morceaux. Lorsqu'il s'agit de plus grands oiseaux, on ouvre l'aile sur sa face inférieure, on retire toute la chair, on applique du préservatif en quantité suffisante, on remplit l'espace vide avec de l'étoupe et on recoud la peau soigneusement.

Attachez un morceau de fil à travers cette ouverture au plus gros des deux os, et laissez une extrémité longue. Répétez la même opération pour l'autre aile.

Il faut ensuite faire disparaître toutes traces de graisse de la peau en grattant, mais sans couper. La tête, sa peau, et la peau du cou seront bien enduites de préservatif, le crâne rempli d'étoupe coupée, les orbites, de coton brut, et la peau sera rabattue en arrière. Cette opération est assez difficile à décrire, de même qu'elle est peu aisée à pratiquer. Elle demande un certain talent.

Placez le pouce à la partie postérieure du crâne et poussez, en tirant en même temps la peau par-dessus d'un mouvement vif. Dès qu'elle commencera à glisser, tout ira bien. Enduisez de préservatif les os et la peau des ailes et replacez-les. Faites-en autant pour la queue. A ce moment, la peau tout entière est retournée et la tête, le cou, les ailes, les pattes et la queue ont été couverts de préservatif, mais le corps a été négligé ; enduisez donc soigneusement cette partie, en garantissant de toute souillure les plumes avec la main gauche. Lissez les plumes sur la tête au moyen de l'aiguille à tricoter ; placez celle-ci dans l'œil, passez-la soigneusement entre la peau et le crâne, et tirez-la doucement le long de la face interne de la peau de la tête, en la grattant pour ainsi dire avec le bout de l'aiguille.

Les ailes doivent maintenant être liées ensemble par les fils qui ont été laissés dans ce but. Mesurez la largeur du dos sur le corps naturel et laissez les ailes écartées seulement de cette distance.

Nombre de taxidermistes travaillent en remontant au lieu d'opérer en descendant. Ils pratiquent une ouverture depuis la poitrine jusqu'à l'anus, dégagent les pattes, la queue ensuite et, en tournant, parviennent aux ailes. Ils ont ainsi accès au crâne, où se fait le sectionnement, qui laisse le corps et le cou en un seul morceau.

Beaucoup d'oiseaux à devant blanc sont absolument gâtés lorsqu'on les a ouverts le long de la poitrine, car, tôt ou tard, la graisse ressort de l'intérieur par capillarité à travers le fil qui a servi à faire la couture, et sa présence se révèle par une vilaine ligne d'un brun sale qui tranche en relief sur les plumes d'un blanc de neige de la poitrine.

Même après que l'on aura enlevé avec bien des soins, de la patience et de la peine la ligne disgracieuse, elle reparaîtra constamment, et il faudra renoncer à s'y opposer. Pour cette raison, les oiseaux blancs doivent être ouverts sur le dos, où il y a une quantité de plumes suffisante pour dissimuler la coupure, et la poitrine restera intacte. Faites une entaille depuis le cou jusqu'au-dessus des pattes. Détachez les ailes, puis le cou. Ensuite, suspendez l'oiseau au crochet et continuez jusqu'aux pattes ; séparez à la queue.

Prenez des précautions au sujet de la poitrine, parce que, si la peau est un peu distendue, les plumes se sépareront suivant une ligne droite et formeront une « raie » très disgracieuse. Une autre méthode consiste à dépouiller à partir du dessous de l'aile jusqu'au-dessus de la patte. On sépare l'aile, puis l'oiseau est suspendu et terminé comme à l'ordinaire.

Certains oiseaux ont la tête plus grosse que le cou et la peau ne peut pas passer par-dessus la tête. Parmi ceux-ci se trouvent les canards, les oies, les cygnes, quelques grèbes, et les piverts. Pour ces oiseaux, dépouillez le cou aussi haut que possible, tranchez-le et retournez la peau sur le côté de la face à peu près jusqu'au reste du cou. Le crâne sera aussitôt dépouillé à travers cette ouverture, nettoyé, enduit de préservatif, bourré et retourné. Lorsque la couture a été faite avec soin, on ne peut se rendre compte à première vue que ce côté a été travaillé. Si l'oiseau a une crête, la coupure pourra très bien se faire près du côté de cette crête.

En dépouillant des hiboux, prenez grand soin de la tête et de la queue. La peau est à peine plus épaisse que du papier joseph, et la moindre inattention peut amener un accident. Il y a beaucoup de petites choses à observer, dans le dépouillement et le montage des hiboux. Par exemple, les orifices des oreilles sont très grands et si on les dépouille, on rencontrera certaines difficultés à propos de cette peau. Si le dépouillement est continué jusqu'au bec, la caractéristique de la face se perdra. Le meilleur moyen consiste à dépouiller jusqu'aux oreilles et à laisser cette partie telle qu'elle se trouve ; puis, à dépouiller sur le haut de la tête, et l'œil. Avec la plus grosse des alènes, soulevez l'œil entre l'os et la peau. Si on n'emploie pas ce procédé, on peut découper la langue et la plus grande partie du fond du crâne (qui constitue le palais), enlever le cerveau et ôter aisément les yeux par cette voie. Toute l'expression est conservée, et les hiboux dépouillés de cette manière paraîtront vivants. Il y a aussi une méthode malpropre et mauvaise qui consiste à dépouiller jusqu'au bec et à faire sortir le contenu de l'œil en laissant en place le globe de l'œil.

CHAPITRE II

BOURRAGE ET MONTAGE DES OISEAUX

Si une peau d'oiseau a été conservée longtemps sans être bourrée, elle sera devenue raide, et devra être ramollie et détendue avant que l'on puisse en tenter le bourrage.

Dans ce but, une boîte à détendre est nécessaire. C'est une boîte en bois, munie d'un couvercle fermant parfaitement, dont tout l'intérieur a été recouvert d'une épaisseur de 3 à 5 centimètres de plâtre mélangé d'eau dans la proportion habituelle. Ce plâtre, lorsqu'il est sec, adhère au bois. On verse de l'eau dans la boite et on l'y laisse jusqu'à ce que le plâtre en ait absorbé le plus possible. On jette le reste de l'eau, et la boîte est prête. Placez la peau dans la boîte, où vous la laisserez jusqu'à ce que l'on puisse ouvrir et fermer les pattes et les ailes. Le temps nécessaire varie avec la taille des oiseaux ; pour les colibris, il suffit d'une journée ou même moins, tandis que pour un aigle, il faut quatre jours ou davantage. Il faut enlever tout le bourrage, et bien gratter l'intérieur de la peau pour en étendre les fibres ; on est quelquefois obligé de passer de force un foret, une aiguille ou une épinglette dans les pattes de certains oiseaux pour préparer le passage des fils de fer de soutien. Tout doit être préparé avant que la peau ne soit retirée de la boîte, et le travail terminé sans délai, car les peaux détendues sèchent vite. Au lieu de la boîte à détendre, on peut se servir d'une terrine à demi remplie de sable humide. Enveloppez chaque peau dans un linge propre et posez-la sur le sable mouillé ; puis recouvrez le tout avec d'autre sable humide, mettez par-dessus une étoffe mouillée, et placez votre terrine dans un endroit sombre. Au bout de deux ou trois jours environ, ôtez le sable de dessus et examinez les peaux. Si vous pouvez étendre les pattes et les ailes sans efforts, elles sont prêtes pour le bourrage; sinon, recouvrez-les et laissez-les encore pendant un jour ou deux. Des taxidermistes professionnels versent souvent de l'eau chaude dans la peau, ou, quelquefois, plongent toute la peau dans de l'eau, et, ensuite, couvrent les plumes avec du plâtre. Il est assurément plus facile et plus pratique de monter, quand elles sont fraîches, les peaux d'oiseaux et d'écureuils. Les peaux détendues sèchent très rapidement, et beaucoup ont un aspect gauche et guindé lorsqu'elles sont bourrées.

Il y a beaucoup de manières de bourrer les oiseaux, et nombre de moyens de les monter sur fil de fer (1). Waterton a perfectionné une jolie et difficile méthode pour monter les oiseaux sans faire usage de fils de fer, mais elle est à peine pratique. Une bonne méthode de travail est celle qui consiste à modeler un corps rigide en étoupe. On lime en fine pointe une extrémité d'un morceau de fil de fer d'une longueur à peu près double de celle de l'oiseau, si c'est pour un gros oiseau, on le laisse avec une pointe triangulaire ou en forme de baïonnette, de façon que chacune des arêtes soit coupante. L'autre extrémité peut, ou non, être pointue. On commence ensuite à enrouler un peu plus d'étoupe autour du fil de fer, à environ 3 centimètres du bout émoussé, jusqu'à ce que l'on obtienne à peu près la taille du corps naturel. Cette extrémité du fil de fer doit maintenant être tordue en forme de crochet et retournée dans l'étoupe; puis, en tirant à l'autre extrémité, on l'arrêtera solidement (voir fig. 17). Mesurez soigneusement dans chaque sens, ajoutant où il en faut de l'étoupe et du coton, et s'il y a des creux difficiles à former, servez-vous d'une longue aiguille à repriser pour faire les points nécessaires. Continuez à garnir et à coudre de la sorte jusqu'à ce que le corps formé soit un fac-similé exact de l'original. En réalité, cela demande quelques minutes. La seule différence permise est que le corps artificiel soit juste un peu plus petit que le vrai, car il est alors facile, grâce au bourroir, d'introduire de l'étoupe coupée en petits morceaux. Si, toutefois, il était seulement un peu plus gros, le résultat ne serait pas précisément amusant. Si la poitrine est trop large, les plumes ne resteront jamais dans la bonne position, et dans beaucoup d'oiseaux, une raie disgracieuse apparaîtra tout le long de la poitrine, tandis que les ailes ne se poseront pas convenablement. Ceci fait, il faut couper deux fils de fer au moins une fois plus grands que le fil

(1) On trouve dans le commerce des carcasses en fil de fer pour le montage des oiseaux de toutes tailles.

de fer du corps et environ deux fois aussi long que la patte. Ceux-ci doivent être effilés à la lime, puis enfoncés dans le pied de l'oiseau en poussant vers le haut graduellement. Veillez soigneusement au passage de l'articulation du « genou » (en réalité, le talon) ; poussez plus haut à travers la patte artificielle déjà faite. Répétez l'opération sur l'autre patte. Dans la pratique, on préfèrera laisser cette partie artificielle jusqu'à ce que le fil de fer soit placé, puis enrouler l'étoupe en même temps autour du fil de fer et de l'os.

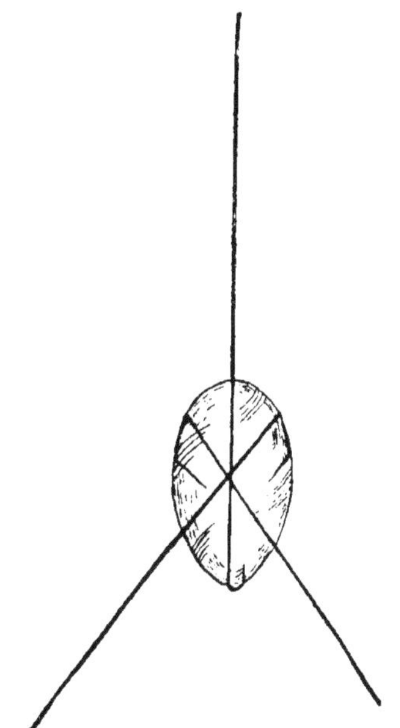

Fig. 17. — Corps modelé pour oiseau.

Les ailes sont déjà attachées ensemble à la distance primitive, et il n'y a plus rien à faire ici. La tête, aussi, est déjà bourrée avec de l'étoupe, et les orbites avec du coton brut ; mais ayez soin que ce coton brut soit confiné aux orbites, car, si un fil de fer pointu traverse aisément l'étoupe, il ne passera pas s'il se trouve seulement un peu de coton brut.

Ensuite, faites passer délicatement quelques morceaux d'étoupe dans le haut du cou au moyen des pinces à plumes (fig. 10), en vous assurant qu'elles reposent bien sur la base du crâne ; vous pouvez enfoncer un morceau dans le crâne et un autre dans le fond du bec, de façon à former ainsi une jonction entre la tête et le cou. La seule chose à éviter, ici, c'est de faire le cou trop long. Dans certaines poses, le cou artificiel est presque absent. Prenez le corps artificiel dans les mains, et enfoncez doucement le fil de fer pointu vers le haut du cou et à travers le crâne, de façon que la pointe en dépasse le centre, au niveau du milieu des yeux, mais plutôt plus loin en arrière. Puis, ramenez graduellement la peau par-dessus, en employant plus de persuasion que de force. Les choses iraient peut-être mieux si le fil de fer du cou était plié à angles droits avant que le corps artificiel soit mis dans la peau, puis redressé ensuite.

Le corps étant convenablement placé à l'intérieur, la première chose à faire est de fixer les fils de fer des pattes. Pour cela, il faut prendre le tarse dans la main gauche et le lever, puis saisir le fil de fer de la main droite et l'enfoncer assez profondément dans le corps, en poussant la peau vers le bas de façon à laisser le passage libre. Avec les pinces à bec rond (fig. 4), il faut courber à angles droits l'extrémité pointue, et la recourber de nouveau de façon à faire pénétrer la pointe dans le corps, puis tirer fortement et régulièrement ce fil de fer, en tenant solidement le corps avec la main gauche, jusqu'à ce que le morceau en retrait soit fixé étroitement. Un regard jeté sur la figure 17 fera mieux comprendre ce travail. Ensuite, lever l'oiseau par cette patte et voir si elle est bien ferme. Il ne doit pas y avoir la moindre oscillation. Il ne faut rien faire de plus avant qu'elle soit absolument ferme. Puis, préparer l'autre patte et l'éprouver. Relever la peau en place de nouveau, et procéder au finissage. Il faut courber les pattes vers le bas en avant. On verra, dans beaucoup d'oiseaux préparés, que les pattes sont trop en arrière. C'est un très grave défaut, qui est très commun. Le défaut contraire, les pattes trop en avant, se rencontre très rarement, et les débutants feront bien d'y viser tout d'abord. Le corps doit être examiné attentivement, pour voir si une amélioration quelconque peut y être apportée. Si quelque endroit est trop rempli, il est probable qu'une pression des doigts y remédiera ; si un autre n'est pas suffisamment plein, il faut y mettre un morceau d'étoupe coupé et l'introduire en place avec le bourroir.

Noter ces trois points : *a*) le dos est légèrement en pente ; *b*) la poitrine est bien remplie et arrondie ; *c*) l'écartement des pattes est faible.

Tout étant en bon ordre, il faut coudre la peau par un point dessus et dessous (fig. 18), que l'on a soin de bien tirer tous les deux ou trois points. Avoir soin que les plumes ne se prennent pas dans le fil. Ensuite, les yeux peuvent être mis en place, bien qu'il soit peut-être préférable de les placer dès que la tête est bourrée. D'autres personnes finissent le corps sans les yeux et les posent lorsque l'oiseau est sec.

Pour insérer l'œil artificiel, il s'agit d'abord de mettre un peu de mastic dans l'orbite et d'y placer ensuite l'œil, qui doit être presque aussi gros que l'œil naturel, mais juste un peu plus gros que l'iris. Puis, avec une aiguille, tirez doucement la paupière par-dessus l'œil, et ne la lâchez que lorsqu'elle est parfaitement ronde. Ayez soin, aussi, de ne pas les laisser trop hagards. Les marchands d'articles pour taxidermistes fournissent une grosse d'yeux artificiels assortis pour quelques francs.

Les oiseaux qui ont les plumes blanches ou claires pourront être

Fig. 18. — Manière de coudre un oiseau.

tachés si on emploie du mastic à leur préparation ; celui-ci devra alors être remplacé par de la terre de pipe.

Coupez l'extrémité du fil de fer de la tête, en laissant, toutefois, un petit morceau qui ressorte du crâne. Comme une extrémité de ce fil de fer est pointue, elle est très utile pour servir de support à la queue. Poussez-la au travers du bout de la queue dans le corps avec fermeté, de sorte qu'on n'ait pas à craindre qu'elle se détache.

Quant aux oiseaux qui ont des barbes, comme les coqs, il faudra produire artificiellement ces lobes charnus, car les barbes naturelles se seront réduites à de simples morceaux de peau. On les traitera de façon à leur rendre leur forme et leur couleur primitives en ajoutant une composition de cire, ou, mieux, du papier mâché. Appliquez la cire, chaude, avec un pinceau, ou le papier mâché avec les doigts et un canif. Modelez avec les alènes et le couteau (à défaut d'outils à modeler), puis passez la couleur.

Les barbes sont de différentes couleurs ; mais, généralement, elles sont de quelque nuance éclatante : rouge, bleu ou jaune.

L'oiseau est alors prêt à être fixé sur son support. Les fils de fer des pattes doivent le traverser complètement et y être solidement chevillés (fig. 19). Bien entendu, si on les fixe sur une branche ou sur un per-

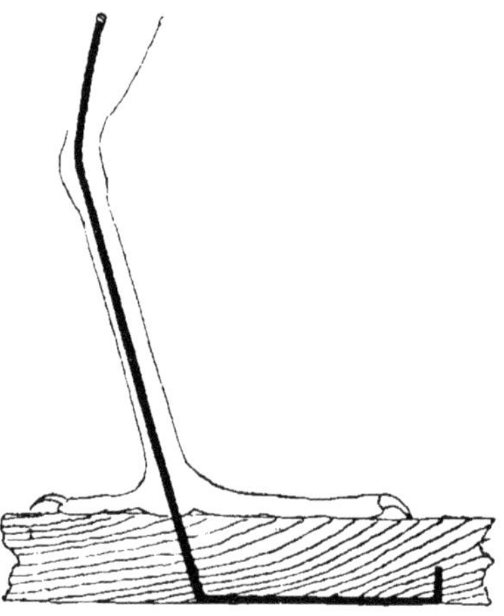

Fig. 19. — Manière de fixer les fils de fer des pattes.

choir temporaire, on ne les chevillera pas ainsi, mais on pourra les assujettir suffisamment en tordant légèrement le fil de fer.

Courbez la tête de l'oiseau vers le bas, puis vers le haut, pour imiter la nature, et l'oiseau aura l'air plus naturel.

Les ailes retombent maintenant et doivent être relevées à leur place et fixées dans la bonne position avec quelques épingles ou des fils de fer pointus.

Puis, avec les pinces à plumes, chaque plume doit être soigneusement remise en place, d'une main légère, bien que beaucoup de personnes emploient un balai ou une brosse en poil de chameau pour faciliter ce travail qui demande beaucoup de patience. Malgré tout, il est probable que quelques plumes persisteront à se relever et qu'il faudra les lier pour les maintenir ; elles conserveront quand elles seront sèches la position qu'on leur aura fait prendre étant humides. On met de distance en distance des épingles ou des fils de fer pour soutenir les ailes.

On piquera une ou deux autres épingles dans le milieu du dos et une autre dans la poitrine ; puis, en partant de l'une ou de l'autre, — celle qui est sur le dos, de préférence, — on enroulera en zigzag un morceau de coton ou de laine, en serrant un peu plus aux endroits où les plumes se relèvent, et moins fortement là où tout paraît être en ordre (fig. 20). On préférera probablement employer une manière rationnelle de procéder ; que l'on prenne donc pour règle de lier d'abord le dos, ensuite la poitrine, etc., ou bien, que l'on commence à la tête, et que l'on enroule le coton graduellement le long du cou et autour du corps (fig. 21). On peut se servir de rubans, ou de bandes de papier au lieu de coton. Il n'y a pas deux taxidermistes qui travaillent exacte-

Fig. 20. — Oiseau lié avec des fils.

ment de la même manière, et un opérateur lie rarement deux oiseaux de même façon, parce que les plumes différentes nécessitent un différent traitement. Les parties supérieures des ailes sont généralement les plus difficiles à traiter.

Si la queue n'a pas été arrangée avant que l'oiseau soit lié, il faut y voir à ce moment. On peut introduire de force une fine épingle d'entomologiste à travers les grandes plumes de la queue, à la base, et l'on peut étendre ou rapprocher les plumes sur cette épingle, si on le désire. Un moyen plus simple et plus ordinaire consiste à étendre la queue comme on le désire et à épingler ensuite les plumes entre des petites bandes de carton mince. Lorsque tout est sec, on peut enlever le papier ou le carton ; les plumes conserveront leur position (fig. 20, 21 et 22). On emploie couramment cette dernière méthode pour les ailes quand elles sont levées ou étendues, comme dans la figure 22. Coupez maintenant le fil de fer de la tête au ras de la tête, car si vous le laissiez jusqu'à ce que l'oiseau soit sec, les plumes resteraient toujours délissées.

Un autre moyen de faire un corps est désigné quelquefois sous le nom de procédé du corps mou. Dans le cas actuel, on forme une boucle à peu près aux deux tiers du fil de fer du corps, dont les deux extrémités sont pointues. On introduit le bout le plus long dans le cou et il sort du crâne, de sorte que l'autre extrémité puisse pénétrer dans le corps, et alors on tire le tout en arrière jusqu'à ce que le bout le plus court aille dans la queue, laissant la boucle dans le milieu du corps où elle repose sur un morceau d'étoupe qui va du cou à la queue. On fait pénétrer deux autres fils de fer pointus le long des pattes et on

Fig. 21. — Oiseau lié avec des fils.

les fixe aux boucles du fil de fer du corps en les y enroulant fortement. Le dernier fil de fer est courbé à angles droits à chaque extrémité, les parties pliées entrant dans les os brisés des ailes, lesquelles sont ainsi soutenues. Lorsque les ailes sont attachées, de la manière déjà décrite, on n'emploie pas ce dernier fil de fer. On bourre ensuite le corps en introduisant des morceaux d'étoupe d'une longueur de cinq centimètres environ et en poussant chacun d'eux à sa place avec le bourroir. De cette manière, le corps se forme graduellement, mais le risque de trop bourrer l'oiseau et la difficulté de lui donner la forme voulue sont tels que cette méthode est employée rarement maintenant, et seulement par des amateurs expérimentés. Elle est indiquée par la figure 23, dans laquelle A représente le fil de fer du corps ; B, les supports des ailes ; C, les fils de fer des pattes et du corps réunis. Quelquefois, on emploie un liège sur le fil de fer du corps (comme le montre la figure 24) à la place de la boucle, et les autres fils de fer sont insérés dans ce liège par leur extrémité recourbée en forme de crochet. En fait, les différences de forme de l'armature en fil de fer sont nombreuses, mais elles ont toutes ceci de commun, que toutes les parties en sont assemblées aussi solidement que possible, de sorte que chacun des fils de fer puisse supporter l'ensemble sans donner lieu au moindre ébranlement. Il est possible de modeler le corps dans de la tourbe et de l'introduire dans la peau, mais ce procédé n'est pas avantageux, parce que, certainement, l'oiseau, une fois terminé, aura l'air d'être en bois, et il n'est pas possible de le modifier. En outre, la tourbe est une matière assez sale à travailler, et on court le risque d'introduire quelque insecte ou larve nuisible dans la peau qui, tôt ou tard, pourra ainsi être détruite.

Fig. 22. — Oiseau attaché et lié.

En raison de ce risque, on ne peut conseiller d'employer la tourbe, ni pour le bourrage, ni pour le montage.

Le bourrage de l'oiseau est alors terminé ; mais avant que l'on puisse mettre celui-ci dans une boite, il faut le placer quelque part à l'abri de la poussière et des insectes pour qu'il sèche, ce qui peut durer une quinzaine de jours ou davantage.

Si on mettait l'oiseau dans une boite avant qu'il fût absolument sec, l'humidité le décomposerait. Avant de le mettre de côté, il faut remarquer la couleur des pattes, de la base des mandibules, et du tour des yeux, car, bien que nulle retouche à l'oiseau maintenant monté ne soit nécessaire, il faut se rappeler que les couleurs brillantes de certains oiseaux disparaissent et doivent alors être restaurées avec de la couleur à l'huile lorsque les oiseaux sèchent. Peut-être vaut-il mieux peindre ces parties avant que les couleurs ne se fanent, car elles donnent bien la nuance exacte et empêchent les erreurs.

On emploie pour cet usage de bonnes couleurs en tubes, mais en très petites quantités, et on ne doit les étendre qu'avec de la térébenthine, et les appliquer avec un petit pinceau, légèrement et régulièrement, de façon à ne pas masquer les écailles qui se trouvent sur les pattes ; les couleurs ne doivent pas être luisantes, car un coup d'œil à un canard ou à un autre oiseau vivant montrera que les pattes ne sont pas polies.

Cinq minutes d'observation sur un oiseau vivant instruiront plus que tout ce que nous pourrions dire ici ; efforcez-vous d'éviter le convenu dans le coloriage et le montage des oiseaux et visez à imiter la nature. Sous aucun prétexte, ne copiez des spécimens empaillés, car un tel procédé ne peut que perpétuer des erreurs déjà commises.

Nous donnons ci-dessous quelques indications qu'il y a lieu d'observer dans l'empaillage des oiseaux.

En ce qui concerne les yeux, la plupart des petits oiseaux, jusqu'aux étourneaux et aux grives, sont très bien avec des yeux noirs, mais chez les plus gros oiseaux, il faut assortir l'iris naturel quant à sa nuance. Lorsqu'on achète des yeux, il est bien préférable de s'en procurer des non colorés, car il est très simple de leur appliquer la couleur voulue. Les tailles les plus utiles sont : n° 3, pinsons ; n° 5, merles ; nos 8 et 9, canards ; n° 9, corneilles, perdrix et geais ; n° 11, petites mouettes et faisans ; nos 12 et 13, hiboux, oies et goëlands ; nos 13 et 14, hérons et faucons ; nos 15 et 16, aigles et hiboux.

La figure 25 montre quelques-uns des yeux qui sont employés ordinairement pour les oiseaux et les mammifères.

Le fil de fer que l'on emploie pour faire les corps des oiseaux est généralement du fer galvanisé, et on se trouvera bien de rechercher surtout la solidité, car rien n'est plus ennuyeux que de s'apercevoir que l'oiseau, quand il est monté, tremble et remue facilement. Le fil de fer du corps est toujours plus fin que ceux qui servent pour les pattes. Voici quelques indications générales qui seront utiles au début : n° 23, petits pinsons ; n° 21, gros pinsons ; n° 19, sansonnets ; nos 16 et 17, pigeons ; n° 13, corneilles ; n° 12, hiboux, canards et faucons ; n° 10, hérons ; nos 7 et 8, aigles et oies.

Les positions et les attitudes des oiseaux ne peuvent s'apprendre que par l'observation de la nature. Le plus souvent, il est plus qu'inutile d'aller chez des taxidermistes et de copier leur ouvrage. On doit s'en rapporter plutôt à cet égard à de bonnes photographies et à des tableaux d'artistes compétents, s'il est impossible de voir les oiseaux dans leur milieu naturel. Les taxidermistes qui ne sont pas des naturalistes instruits et observateurs devront se procurer quelque bon ouvrage classique sur l'histoire naturelle et en étudier les illustrations.

Un oiseau chanteur en cage fournira à qui l'étudiera soigneusement toutes les indications nécessaires en ce qui concerne les petits oiseaux et présentera en une demi-heure des douzaines de nouvelles

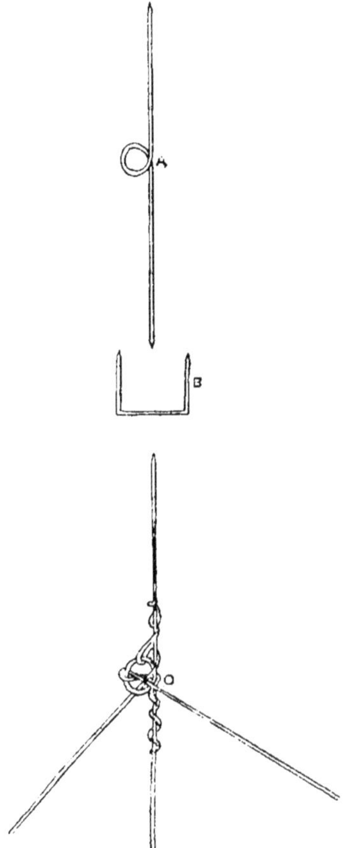

Fig. 23. — Armature en fil de fer pour corps mou d'oiseau.

attitudes qui n'ont encore jamais paru dans une vitrine d'oiseaux empaillés.

Remarquez que les pattes ne sont pas raides comme des baguettes à tambour mais que les talons sont plus rapprochés l'un de l'autre que les pieds. En observant cinq minutes quelques canards, on apprendra plus qu'en regardant pendant des semaines dans des armoires vitrées.

Les canards marchent les doigts en dedans et leurs becs ont un teint mat.

Une journée passée à la campagne donnera à une personne intelligente plus de leçons de choses pour le montage exact des oiseaux que des années de travail sans méthode.

Les empreintes dans la boue indiquent bien la distance et la position des pieds des oiseaux aquatiques.

Les notes qui suivent se rapportent à des sujets spéciaux que l'on peut raisonnablement supposer en dehors du champ d'observations familier.

Les faucons, au moment où ils saisissent leur proie, lèvent les ailes ; la queue est étendue vers l'arrière, en forme d'éventail, le corps incliné sur la proie, la tête et le cou penchés sur le même objet, les yeux brillants, et les plumes qui entourent la tête soulevées, les griffes étendues.

Les oiseaux pendant le vol, ont les ailes déployées, la queue développée dans le même sens que le corps, les griffes serrées et les pattes tout près de la poitrine.

Les piverts sont surtout représentés grimpant à un arbre, avec la queue reposant sur l'écorce.

Les engoulevents sont ordinairement posés sur une branche dans le sens de la longueur et non, comme la plupart des oiseaux, perpendiculairement à celle-ci.

Les goëlands et les mouettes paraissent le moins naturels quand leurs pattes sont pliées comme celles de la plupart des autres oiseaux. On ne doit voir qu'une très petite partie de l'endroit couvert de plumes, et les pattes doivent être tout à fait raides.

Lorsqu'un oiseau est surpris ou alarmé, l'aile qui se trouve du côté d'où est venue l'alarme est légèrement soulevée, de même que le côté correspondant de la queue est baissée, et la tête se tourne dans cette même direction.

Les palmures des canards, goëlands, mouettes, etc., peuvent être garanties contre la contraction si on adapte un morceau de carton dur, découpé à la forme exacte, dans chacun des intervalles des doigts, et si on l'attache ensuite au support au moyen de petits clous ou d'épingles.

Les oiseaux en plein vol ont, nous l'avons dit plus haut, les ailes déployées.

Pour déployer les ailes, insérez un fil de fer pointu sous la jointure du poignet (K, fig. 16) et faites-le passer le long de la face inférieure de cet os (en réalité, il y a deux os ensemble). Prenez garde à la jointure suivante. Ensuite, faites passer le fil de fer le long des deux os que vous avez rencontrés en dépouillant l'aile; levez celle-ci à l'angle voulu et faites pénétrer de force le fil de fer dans le corps. Ceci sera suffisant pour soutenir l'aile. Plusieurs autres fils de fer pourront être passés sous les plus grandes plumes dans le corps, si c'est nécessaire, mais ceux-ci sont seulement temporaires et seront retirés plus tard. Le fil de fer destiné à soutenir l'oiseau sera introduit sous l'aile d'un côté, poussé à travers l'oiseau tout droit et solidement chevillé dans le corps sous l'autre aile. Il y a là quantité de plumes pour le dissimuler. Quelquefois ce fil de fer de support est placé sous la queue.

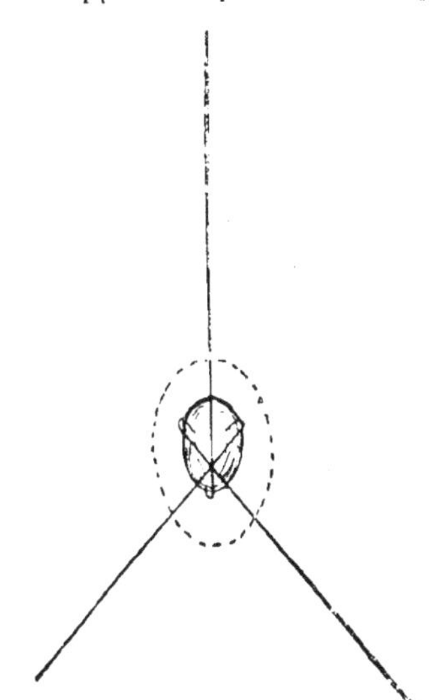

Fig. 24. — Noyau de liège pour corps d'oiseau.

Il est souvent nécessaire de nettoyer les oiseaux en quelque endroit. C'est la benzoline qu'il faut employer pour cet usage. On doit l'appliquer avec du coton brut, changé fréquemment, et dans le sens des plumes. Lorsque tout semble nettoyé, il faut saupoudrer avec une grande quantité de plâtre, et quand celui-ci est aggloméré en petits blocs, on les fait tomber en secouant, quelques tapes font ressortir les plumes à nouveau : sinon, arrangez-les avec les pinces à plumes.

Le sang s'enlève le mieux avec de l'eau d'abord, puis de la benzoline et du plâtre. L'eau aura raison des cas les plus graves ; mettez ensuite de la térébenthine, puis de la benzoline et du plâtre. Si tout n'est pas en bon état quand c'est complètement sec, recommencez le nettoyage.

Pour rendre à la tête d'un oiseau sa couleur blanche primitive, des années, peut-être, après qu'il a été monté, époussetez-la d'abord bien avec des plumes, puis appliquez la méthode que nous venons d'expliquer. Ou bien, essayez le procédé américain suivant : Faites dissoudre un morceau de terre de pipe de la grosseur d'une noix dans un peu moins d'un demi-litre d'eau chaude ; lavez bien l'oiseau avec une flanelle douce trempée dans le liquide et bien savonnée avec du savon ordinaire. Lorsque c'est propre, lavez de nouveau à l'eau claire, et roulez dans une étoffe pour faire sécher. Ensuite, tenez devant le feu et battez vivement avec une serviette pliée. N'adoptez pas cette méthode lorsqu'il s'agit d'une peau de valeur, mais, après le lavage, appliquez de la benzoline, puis du plâtre, et battez avec des plumes, de préférence à une serviette. Autrement, l'oiseau durcira probablement en séchant.

En lavant les oiseaux avec de la benzoline pure, on tuera tous les insectes, et dès qu'elle sera évaporée, il faudra mettre les spécimens dans une boite, où ils dureront indéfiniment.

Les benzolines du commerce contiennent ordinairement de la paraffine, et celle-ci fera plus de mal que de bien.

Le spécimen est ensuite placé, jusqu'à ce qu'il soit sec, dans une monture de boîte garnie de mousseline, quelque chose comme un garde-manger. Celle-ci permet à l'air de pénétrer librement, mais tient les insectes à l'écart. Lorsqu'il est sec, le spécimen doit être mis dans une boîte. Une solution de sublimé corrosif (bichlorure de mercure) à l'alcool est bonne à la fois pour les oiseaux et pour les mammifères, et prévient toute attaque de la part des insectes, quand on la verse sur les plumes ou sur les fourrures. L'alcool s'évapore vite, abandonnant le poison et pas un insecte ne touchera un spécimen ainsi traité. Pour faire la solution du sublimé corrosif, agitez celui-ci dans le dissolvant pour former une solution saturée, puis réduisez-la en y ajoutant de l'alcool jusqu'à ce qu'une plume noire trempée dedans puis séchée ne présente pas de dépôt blanc sur ses barbules.

Cette solution, versée sur le spécimen, défiera les attaques des insectes ainsi que des moisissures. Mais elle est trop dangereuse pour qu'on l'emploie sur des spécimens qui ne sont pas dans des boites. La térébenthine peut être employée pour des mammifères, et si ces derniers ne doivent pas être mis dans des boîtes, un bon brossage, pour enlever la poussière, suivi d'une couche de térébenthine, une ou au plus deux fois par an, les tiendra en bon état pendant des années.

La manière de faire la solution de sublimé corrosif recommandée par le Dr Olivier Davie est simple et pratique : Pour faire deux litres de cette solution, mettez 45 grammes de sublimé corrosif dans un litre d'alcool. Laissez le mélange pendant quelque temps, puis (comme l'alcool ne dissout pas tout le sublimé) procédez à un décantage. Ajoutez alors un litre d'eau à la partie liquide, et la solution est

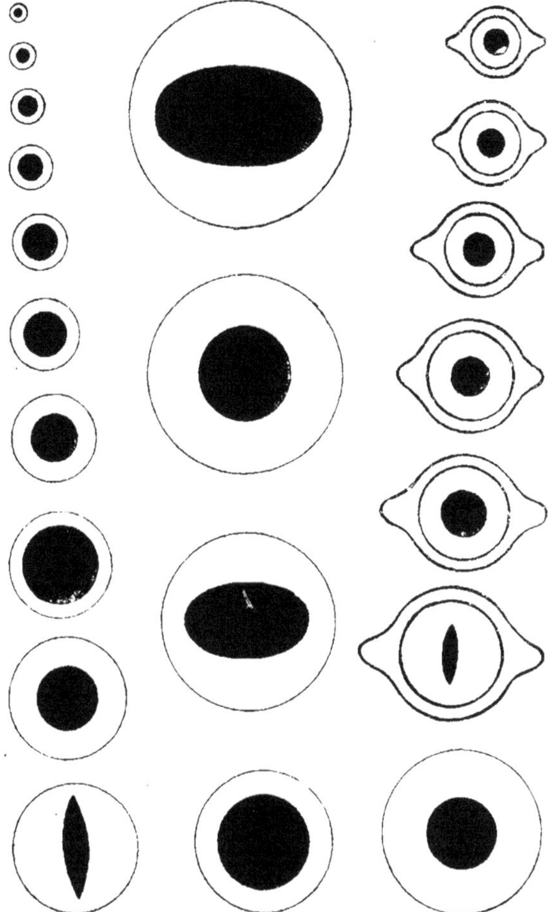

Fig. 25. — Yeux artificiels.

prête. On peut la verser sur du sable blanc suffisamment propre dans lequel la peau d'oiseau est déposée depuis douze à vingt-quatre heures. Pour des peaux d'animaux, on peut faire la solution un peu plus forte et en faire usage en la versant à travers une passoire. On peut, bien entendu, en faire de plus ou moins grandes quantités en augmentant ou en diminuant la proportion d'ingrédients. Une plume noire peut servir, comme nous l'avons indiqué déjà, pour éprouver la force de la solution.

D'une manière générale, les oiseaux empaillés ne sont pas teints. Moins les plumes sont dérangées et moins il a été fait de nettoyage artificiel, plus il y aura de lustre. Le lustre naturel des plumes dépend de l'arrangement des barbules et des plumules de la plume. Pendant le nettoyage, il est impossible d'éviter de détacher les petites boucles que forment ces plumules et de détruire ainsi le lustre naturel de la plume.

Nous donnons dans le chapitre VIII des instructions pour le montage des oiseaux empaillés dans les boites, et aussi pour la manière de construire celles-ci.

Les spécimens d'apparence animée, conservés et arrangés principalement pour servir d'ornements par l'art du taxidermiste, affectent une telle variété de formes qu'il serait presque impossible de les énumérer, à plus forte raison de les décrire ; naturellement, il est d'usage de placer les oiseaux empaillés dans des boites de verre, mais ils se prêtent à plus d'une forme d'ornementation. Une de leurs plus heureuses applications est la décoration des écrans. Tous les écrans de ce genre sont plus ou moins utiles autant que décoratifs. Celui que l'on rencontre le plus fréquemment est l'écran à main, et c'est lui que nous décrirons en premier lieu.

Les oiseaux qui se prêtent le mieux à ce travail sont les mouettes, les goélands, les corneilles à capuchon, les corbeaux, les hiboux et les faucons.

Procurez-vous l'un de ces oiseaux, — avec des ailes non brisées, si possible — et dépouillez-le en pratiquant une ouverture sur le dos, conformément aux instructions qui ont été données dans le chapitre premier. Après avoir bien décharné les os, coupez les ailes et la queue, et attachez-les provisoirement à un morceau de bois ou au panneau d'une porte au moyen de fils de fer pointus, d'épingles, etc.

Arrangez-les de façon à ce qu'ils forment un motif symétrique. Parfois, leur partie intérieure est constituée de façon à se raccorder à l'autre du haut en bas, comme dans la figure 26. Des aiguilles fines ou des épingles d'entomologiste passées à travers la peau peuvent servir à étaler les plumes couteau en forme d'ovale et des agrafes de carton ou du coton à lier peuvent contribuer à maintenir toutes les plumes couchées à leur place respective.

Il n'est pas absolument nécessaire de mettre des fils de fer, quoiqu'il soit bon de se servir, pour chaque aile, d'un fil de fer pénétrant aussi près que possible de l'extrémité supérieure et passant à l'intérieur de la peau jusqu'à la base. Tout en donnant plus de rigidité, ce fil de fer

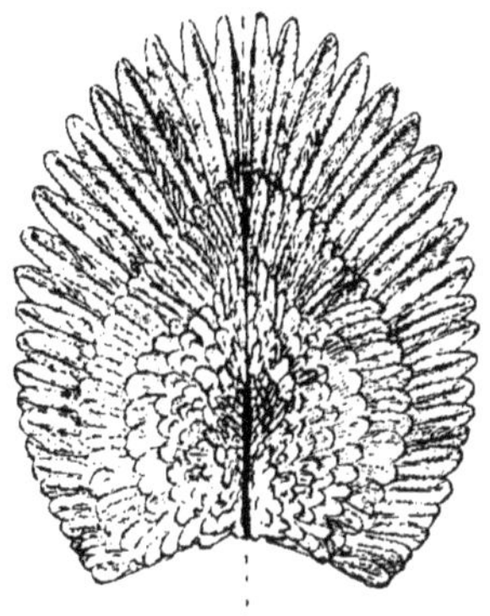

Fig. 26. — Ailes d'oiseau étendues.

aide à fixer l'aile sur le support définitif. La queue, elle aussi, est étalée de la même manière.

La tête et la poitrine sont ensuite bourrées, soit par bourrage mou, soit, de préférence, en enroulant de l'étoupe autour d'un morceau de

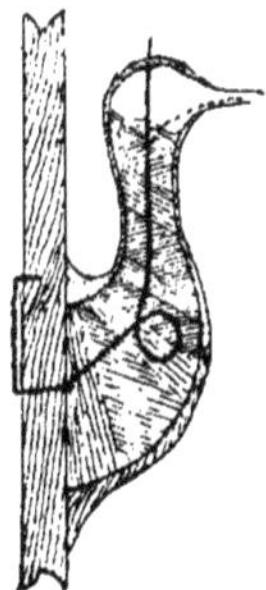

Fig. 27. — Coupe de tête d'oiseau sur un écran.

fil de fer avec lequel on a formé un anneau pour l'empêcher de se déplacer. La section (fig. 27) indique assez clairement la manière de procéder. L'extrémité enveloppée entre, naturellement, à l'intérieur de la peau, et l'extrémité nue du fil de fer qui émerge de l'étoupe est enfoncée de force dans le crâne, ce qui fait que cette extrémité doit être pointue; on peut encore la faire plier dans le bec, comme l'indique la ligne pointillée dans la figure 27, et dans ce cas elle n'a pas besoin d'être pointue. L'oiseau est fixé à une planchette au moyen de l'autre extrémité du fil de fer. Percez un trou dans cette planchette, faites-y passer le fil de fer et tirez-le jusqu'à ce que la peau touche le bois. Pliez alors le fil de fer et chevillez-le dans la face postérieure de la planchette, de façon à assujettir l'ensemble.

Passez maintenant une aiguille à tricoter ou une pointe sous les plumes qui s'appuient sur le bois, pour les arranger en bon ordre. Penchez de côté la tête de l'oiseau, si vous le préférez, et si des plumes se relèvent, ce qui est assez peu probable, enroulez du coton autour.

Le fil de fer qui sort du haut de la tête doit ensuite être coupé, et le bec fermé ; après quoi, l'ouvrage doit être mis de côté, à l'abri de la poussière, pour sécher.

Les yeux devront être posés avant que le bourrage soit effectué ; reportez-vous à ce sujet à ce qui a été dit plus haut, dans la première partie de ce chapitre.

Certains taxidermistes, au lieu de laisser la poitrine ouverte et reposant simplement sur la planchette, la cousent après l'avoir bourrée, mais les résultats obtenus ne sont pas si satisfaisants, car les plumes de l'extérieur ne s'étalent pas si bien pour dissimuler la jonction de la poitrine et des ailes.

Pendant que les ailes, etc., sèchent, procurez-vous le manche de l'écran, lequel doit être tourné d'une pièce de bois d'environ 25 centimètres de long et 3 centimètres de côté, et dont le haut doit rester carré et non tourné sur une longueur de 3 à 4 centimètres. Cette partie carrée porte une fente dans toute sa longueur pour recevoir un morceau de bois plat sur lequel les ailes, la queue et la tête sont finalement fixées, et est percée de deux trous, comme l'indique la figure 28. C'est au moyen de ces trous que l'on assujettit les deux parties de l'écran. La planchette, d'une épaisseur d'environ 6 millimètres, varie quant à la longueur et à la largeur suivant la taille de l'oiseau, et peut être, soit rectangulaire, soit, si on le préfère, découpée en ovale. Ajustez le manche et la planchette à l'aide de colle et de chevilles enfoncées dans les deux trous préparés à cet effet. Puis finissez le manche par le coloriage et le polissage ou l'émaillage, ou la dorure, et, quand il est complètement sec et durci, recouvrez-le de papier pour le garantir de la poussière.

Quand les ailes et les autres parties de l'oiseau sont bien prêtes et sèches, on les pose sur la planchette attachée et fixée au manche et on les y assujettit avec de la colle, des fils de fer, des attaches, etc. ; il faut apporter une attention particulière à leur position par rapport au manche, c'est-à-dire que si l'une forme un certain angle avec le manche, il faut que l'autre forme un angle égal.

Collez la queue, placez-la sur les ailes et fixez au moyen de fils de fer, d'épingles ou d'attaches, les plumes rayonnant ainsi autour de la base des ailes. La poitrine, et le reste, sont collés sur celles-ci, et le fil de

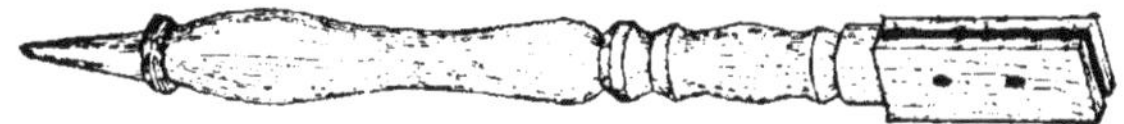

Fig. 28. — Manche pour écran à oiseau.

fer de la tête qui passe au travers de la planchette, est tiré à fond et fortement chevillé sur la face postérieure de la planchette. Puis, par-dessus le dos de cette planchette, collez de la soie, du satin ou du velours, afin de cacher les fils de fer et de donner du fini au travail ; mais une bien meilleure méthode consiste à découper un morceau ovale de bois mince ou de carton et à disposer dessus deux épaisseurs de coton brut. Celui-ci est ensuite recouvert de soie, etc., dont les extrémités sont fixées par-dessus le rebord.

La planchette est recouverte de colle, le dos préparé est placé dessus, puis on passe à travers la soie, le bourrage et le carton, dans la planchette, une épingle décorative en laiton, semblable à celles dont se

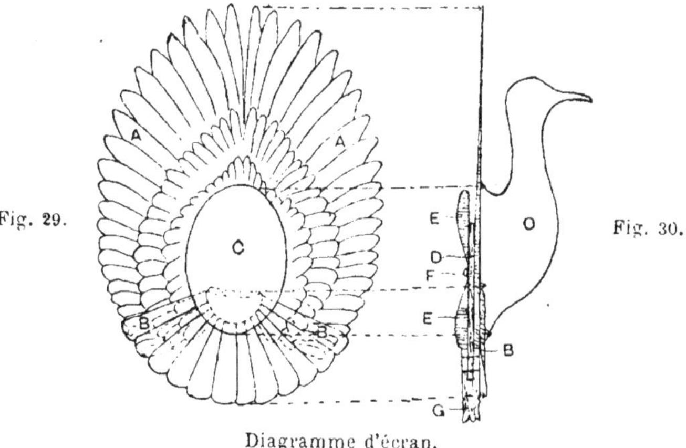

Fig. 29. Fig. 30.

Diagramme d'écran.

servent les tapissiers, pressant de la sorte le bourrage au centre et faisant paraître le capitonnage.

Dans les figures 29 et 30, AA représentent les ailes, BB indiquent la queue, C, la position de la poitrine, D, la planchette, EE, le dos capitonné, F, l'épingle fantaisie en laiton, et G, le manche.

De plus gros oiseaux, tels que les hérons et des grands goélands, peuvent être traités de la même manière ; mais, au lieu de les fixer à un manche, on peut les munir, au dos, de deux fils de fer au moyen desquels on les suspend aux barreaux d'une cheminée inemployée en

Fig. 31. — Base tournée pour écran.

été, formant ainsi un écran de cheminée beaucoup plus élégant que les habituels écrans d'étoffe ou de papier peint.

Pour un écran de cheminée, utile autant que décoratif, le dos peut être en bois poli sur lequel on fixe un anneau fantaisie en laiton de

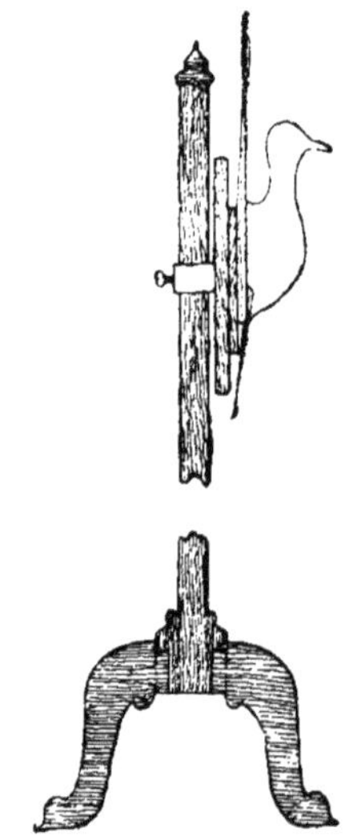

Fig. 32. — Écran avec oiseau empaillé.

manière à permettre de le monter et le descendre le long d'une tige verticale tournée et polie élevée sur une base tournée (fig. 31) ou sur des pieds sculptés (fig. 32).

Cette dernière figure représente l'écran de cheminée achevé.

On voit parfois d'autres écrans ressemblant à des boîtes dont les faces antérieures et postérieures sont en verre, et qui sont remplis d'oiseaux exotiques aux couleurs éclatantes. On peut les faire glisser le long d'une tringle à chaque extrémité et les fixer à une hauteur quelconque au moyen de vis de pression ; ils peuvent aussi être montés sur pieds fixes pourvus de roulettes.

Le bambou convient admirablement pour ces boîtes, les nuances vives de ce bois s'harmonisant bien avec les couleurs brillantes des oiseaux.

On adapte habituellement au sommet des écrans une poignée par laquelle on peut les transporter, en cas de besoin.

CHAPITRE III

DÉPOUILLEMENT ET MISE EN PEAU DES MAMMIFÈRES

Après avoir suivi les instructions données dans les chapitres précédents relativement au dépouillement, à la mise en peau et au montage des oiseaux, on peut entreprendre un travail un peu plus difficile, le montage des mammifères.

Les outils nécessaires sont les mêmes que ceux dont a parlé à propos du traitement des oiseaux. En somme, en y ajoutant un plus grand bourroir (fig. 11 et 12), fabriqué avec un morceau de fer ou de bois, d'une longueur de 45 à 60 centimètres, les outils qui ont servi à dépouiller et à monter un colibri feront également bien l'affaire s'il s'agit d'un loup ou d'un plus gros mammifère.

Les préservatifs qui ont été recommandés à propos des oiseaux trouveront tout aussi bien leur application dans le traitement des mammifères dont la taille n'excède pas celle du chat ; mais au-delà, il y a lieu d'employer un préservatif spécial. La meilleure composition est simplement un mélange de quatre parties d'alun calciné pulvérisé et d'une partie de salpêtre pulvérisé. L'expérience de longues années garantit les résultats satisfaisants que donne cette préparation, absolument sûre dans son action et inoffensive pour l'opérateur.

Nombre de taxidermistes se servent encore d'alun pulvérisé, mais celui-ci absorbe facilement l'humidité et se liquéfie ; donc, si le spécimen sur lequel on l'a appliqué se trouve dans un endroit humide, il s'ensuit naturellement que, par suite de son affinité avec l'eau, l'alun rendra bientôt le spécimen humide et en détruira ainsi rapidement la beauté.

Certains taxidermistes font usage de sel ordinaire, soit pur soit mélangé avec de l'alun.

L'acide phénique peut donner de bons résultats, mais pour les avantages généraux, rien ne peut égaler le mélange d'alun calciné et de salpêtre.

On fera sans doute la première tentative avec quelque petit mammifère facile à obtenir.

Pour cette raison, nous prendrons l'écureuil comme exemple. La

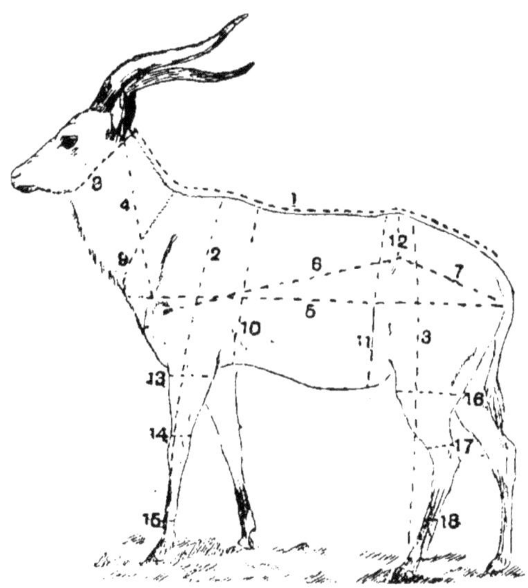

Fig. 33. — Mesures du chamois.

première chose à faire est de prendre les mesures, en ayant ses outils sous la main. Il est facile d'allonger une peau fraîche, au cours de l'empaillage, hors de toute proportion et il ne faut, par suite, omettre sous aucun prétexte le mesurage.

Il n'est pas nécessaire de prendre absolument toutes ces mesures pour les petits animaux, nous prendrons comme exemple le mesurage d'un chamois (fig. 33).

Les mesures à prendre sont les suivantes :

1° De la tête à la queue ; prise avec un mètre ruban sur la peau même.

2° Hauteur à l'épaule ; prise le plus aisément avec une règle droite.

3° Hauteur aux pattes postérieures ; prise à la règle droite.

4° Longueur du cou, de l'oreille au collet ; prise au mètre ruban.
5° Longueur du corps, de la poitrine à la croupe.
6° Du fémur à l'humérus.
7° Du fémur à la croupe.
8° Tour du cou, près de la tête.
9° Tour du cou, près de la poitrine.
10° Tour du corps, près des pattes antérieures.
11° Tour du corps, près des pattes postérieures.
12° Humérus à humérus par-dessus le dos.
13° 14° 15° Tour des pattes antérieures.
16° 17° 18° Tour des pattes postérieures.

La distance d'une oreille à l'autre doit aussi être prise.

Le tour de la tête doit être pris en plusieurs endroits, de même que la distance entre les pattes antérieures et entre les pattes postérieures. On peut aisément obtenir toutes les courbes particulières que l'on désire avoir en courbant de minces bandes de plomb le long du mammifère avant de le dépouiller, et en les appliquant sur l'extérieur du spécimen en procédant à l'empaillage.

On se trouvera bien de faire un croquis de l'animal et d'y reporter ces mesures, en ajoutant au bas toutes les notes et remarques utiles. Alors, s'il est nécessaire, on peut mettre la peau de côté, et l'empailler avec exactitude des années plus tard. Il est utile aussi pour le montage du spécimen d'avoir une photographie de l'animal vivant si c'est possible. Ceci, toutefois, n'est pas toujours nécessaire.

Pour l'écureuil, on peut se contenter de mesurer : 1° Du nez à la queue ; 2° longueur de la queue ; 3° tour du corps.

On peut ensuite commencer le dépouillement. On étend un morceau de papier sur la table et on y place l'écureuil, le ventre en l'air, la tête du côté de l'opérateur. Enfoncez la pointe du couteau entre les pattes antérieures et coupez la peau en ligne droite jusqu'auprès de l'anus. La ligne pointillée de la figure 34 représente l'incision. Ayez soin, après avoir dépassé les côtes, que le couteau ne perce pas les minces parois de l'abdomen, car les intestins sortiraient et causeraient des difficultés. Détachez la peau de chaque côté, ayez soin de ne pas la tirer de peur de la distendre, et maintenez le tranchant du couteau incliné du côté de la chair plutôt que du côté de la peau. Appliquez largement du plâtre, comme il a été dit à propos du dépouillement des oiseaux. Il y a deux façons de procéder : l'une consiste à dégager les pattes postérieures et la queue, à suspendre le corps au crochet (fig. 14 et 15), et à aller droit à la tête, et y entailler, en retournant de là à la queue ; l'autre comporte le dégagement des pattes antérieures et la coupure du cou ; on suspend le corps par l'épaule, et on dépouille en descendant, on revient au cou et on dépouille jusqu'à la tête ; ensuite, on procède à l'entaille.

Ces méthodes présentent peu de différences.

Rappelez-vous qu'il ne faut pas tirer comme lorsqu'on dépouille un

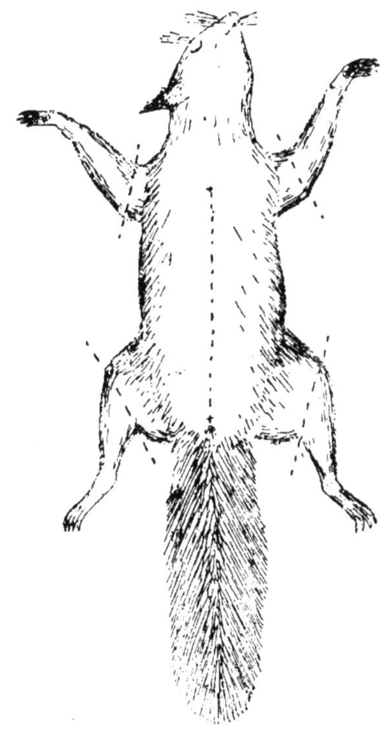

Fig. 34. — Écureuil.

lapin pour la cuisine, mais qu'il faut se servir continuellement du couteau, couper et gratter toujours. Il faut couper les pattes aux jointures (fig. 34), soit à l'aide de la pointe du couteau, soit, beaucoup plus facilement, avec les cisailles (fig. 5 et 6).

Chez la plupart des petits mammifères, on peut dépouiller la queue sans couper la peau, en maintenant fermement une extrémité et en repoussant (ne pas tirer) complètement la peau. Dans le cas de l'écureuil, si on tient fortement la partie la plus épaisse de la queue avec les pinces à bec plat (fig. 7), et si on met la partie suivante dans les pinces (fig. 8) qui ne sont serrées que juste assez pour empêcher la peau de s'y replier, on verra que, quand les deux outils sont séparés avec un peu de force, la queue sortira en glissant jusqu'au bout sans tourner la peau.

Les pinces (fig. 8) sont ici d'une grande utilité mais non une nécessité, car les doigts et le pouce de la main droite peuvent les remplacer tandis que le bout de la queue est tenu par l'autre main ou avec les pinces à bec plat. Dans le cas du renard, on maintient mieux le bout de la queue en le plaçant dans un étau, et puis, en entourant la partie voisine dans les creux d'une paire de pinces à clous, on l'amènera à glisser par une vive traction ou par une série de secousses. On peut encore retenir la queue entre une porte et le chambranle, au lieu de l'étau, et la faire glisser en tenant la partie voisine entre le pouce et deux doigts de chaque main, puis en tirant ou en secouant. Il est seulement nécessaire de veiller à ce que la peau ne se retourne pas à l'envers. Toutefois, cela est pénible pour certaines personnes qui ont les doigts faibles, car parfois la queue tient fortement et il faut déployer quelque force. Il est nécessaire de décharner les membres et la tête. En commençant à dépouiller le crâne, on ne tardera pas à rencontrer deux corps cartilagineux situés de chaque côté. Ce sont les oreilles que l'on doit dégager en coupant dans la chair dans la direction de l'os. En coupant avec précaution tout autour, on progresse d'environ un centimètre avant de rencontrer deux nouveaux obstacles, placés eux aussi sur chacun des côtés. Ce sont les yeux, et ils demandent le plus grand soin. Les incisions doivent être très fines et faites d'une main très légère. Bientôt, la peau semble presque transparente et l'on voit l'œil foncé au-dessous. Cette peau doit être soigneusement coupée, le plus près possible de l'œil. Et on arrive alors à la partie la plus difficile. Les lèvres, supérieure et inférieure, doivent être dépouillées absolument jusqu'à leur extrême limite. Ce travail est long, car chacune des incisions doit être très courte et pratiquée d'une main assurée. C'est ce que l'on appelle « pocher » les lèvres. On peut simplifier les choses en coupant dans le cartilage du nez jusqu'à l'os, car on a alors une plus grande facilité pour pocher les lèvres et dépouiller le nez. Il faut prendre grand soin, attendu que la peau du nez est extrêmement mince et que c'est l'endroit où une déchirure fait le plus mauvais effet. Si la main qui tient la peau a l'index à l'intérieur et contre les lèvres, les incisions peuvent être mieux dirigées. On aura sans doute rencontré, avant d'atteindre ce point, plusieurs petits corps de forme ovale situés sur les côtés de la lèvre supérieure. Ce sont les racines de moustaches ; si les incisions sont faites sans précautions et que ces racines soient tranchées, les moustaches tomberont et on ne pourra pas les replacer facilement. Toutefois, en supposant que la lèvre ait été dépouillée jusqu'au bord extrême, et le cartilage du nez séparé de la peau, la première chose à faire est de pocher la lèvre inférieure. Ceci est plus difficile chez un écureuil parce que les éléments sont plus rapprochés les uns des autres ; mais, en opérant lentement, au moyen de très courtes incisions, et, en tâtant et en dirigeant avec le doigt à l'intérieur de la peau, il est très possible de parvenir jusqu'au bord.

Si l'on n'a pas séparé de la peau le cartilage du nez, ou si on ne l'a séparé qu'en partie, il en résultera une laide contraction au moment où l'écureil séchera, au lieu de la rondeur et de la plénitude que présente le nez d'un écureuil vivant.

La tête est alors complètement dépouillée et a besoin d'être nettoyée, mais il faut encore une fois prendre des mesures avant que la chair soit enlevée. Mesurez le tour en plusieurs endroits, remarquez l'endroit où commence l'enflure des joues, la pente graduelle vers les yeux, et la forme des joues — qui ne ressortent pas comme des moitiés de pommes.

Après avoir fait un croquis et pris note des mesures et des autres renseignements, on doit ôter toute la chair. On a vite fait d'enlever d'une seule pièce la langue et la chair qui l'avoisine, au moyen d'une incision pratiquée le long de chacun des côtés de la mâchoire inférieure et tout près de l'os.

S'il s'agissait de la langue d'un renard ou de la langue d'un animal que l'on veut représenter la gueule ouverte, on pourrait en avoir besoin pour des préparations ultérieures, moulage ou modelage, et il faudrait la conserver quelque temps, soit dans du sel et de l'eau, soit en la recouvrant d'une grande quantité de préservatif. Sur le sommet de beaucoup de crânes, il y a une sorte d'arête osseuse, de chaque côté de laquelle se trouve un épais bourrelet de chair. En commençant à cette arête et en se tenant tout près de l'os, il est possible d'enlever la plus grande partie du bourrelet d'une seule pièce.

Les yeux sont vite enlevés avec l'alène ou avec la curette (fig. 9). Au-dessous de l'œil, il y a un rebord osseux, et, plus bas, la masse charnue qui forme la joue. En coupant avec la pointe du couteau le long de ce rebord, jusqu'à la mâchoire inférieure, et en commençant ensuite au bord inférieur du maxillaire, la plus grande partie de la joue tombe d'un seul morceau. Il faut maintenant enlever le sommet du palais, car le cerveau se trouve entre celui-ci et le crâne. Pour l'écureuil, le couteau ou les ciseaux conviendront pour ce faire, mais pour un plus gros animal, il faudra recourir à une petite scie ou à une hache, ou, tout au moins, à un ciseau et un maillet. On extrait ensuite facilement le cerveau, souvent même sans presque l'endommager.

Il reste encore de petits morceaux de chair que les incisions ont laissés; il faut en enlever le plus grand nombre possible. Plus le crâne sera propre, plus le résultat sera satisfaisant. Il faut maintenant décharner les pattes antérieures. Il ne se présente pas de difficultés au cours du dépouillement des pattes jusqu'au moment où l'on découvre les orteils. On ne gagnera rien à aller plus bas, mais s'il s'agit d'un chien ou d'un renard, il faut pousser l'opération plus loin, comme on le verra ci-dessous. Il n'y a que peu de chair sur le carpe, de sorte que le travail se réduit ici à fort peu de chose, mais on trouvera certaines masses charnues autour des deux os du haut (cubitus et radius, qui correspondent à l'avant-bras chez l'homme), et elles peuvent être enlevées toutes en deux ou trois incisions. Répétez cette opération sur les pattes postérieures, puis appliquez du préservatif sur la peau et sur les os. N'oubliez pas l'intérieur du crâne et la queue, en vous servant de l'aiguille à tricoter, d'un morceau de fil de fer ou de quelque autre objet semblable pour bien faire pénétrer le préservatif.

L'écureuil est alors prêt à être bourré.

Toutefois, avant de décrire ce procédé, il est nécessaire de remarquer plusieurs choses qui peuvent être mentionnées maintenant.

La plupart des carnivores dégagent une assez forte odeur quand on en remue le corps ; c'est pourquoi il vaut toujours mieux boucher les orifices (gorge, narines, anus, etc.) de l'animal avec du coton brut avant de le dépouiller. Tel est le cas, particulièrement, pour la famille des belettes (belettes, fouines, putois, furets, etc.), parce que, près de la racine de la queue de ces animaux, se trouvent des glandes jaunâtres destinées à la sécrétion d'un liquide nauséabond dont l'odeur déplaisante resterait longtemps dans la chambre si l'on négligeait de prendre cette simple précaution et si le couteau venait à les percer.

Les insectivores et les herbivores se décomposent plus rapidement que les carnivores, et cela se reconnaît à la teinte verte que prend la peau de l'abdomen et à la chute abondante des poils.

En dépouillant, conservez le plus de chair et de graisse possible sur le corps, et le moins possible sur la peau, parce qu'en la nettoyant plus tard, on risque de la distendre.

Les mâles et les animaux qui ont des bourses devront être ouverts sur le côté de l'organe, s'il est nécessaire de leur conserver leur caractère.

Pour ce qui est des pattes des chiens et des renards, il sera presque impossible de les dépouiller jusqu'aux orteils par l'intérieur. Il faut donc s'arrêter quand on atteint le carpe intérieurement, nettoyer l'os et l'enduire de préservatif. La peau sera ensuite replacée dans sa position primitive, et on pratiquera une incision extérieure, commençant à l'arrière du carpe et traversant la partie charnue, dont l'intérieur est une masse de graisse ferme.

Le tout doit être enlevé, et, avec quelque précaution, on peut facilement faire passer le couteau presque jusqu'à l'extrémité des orteils, puis, en remontant, jusqu'au carpe. Bien que l'on ne puisse enlever que peu de chair, il ne faut pas omettre cette opération, ni la faire sans

Fig. 35. — Main de singe.

précautions, parce que la partie négligée finirait par se racornir. La peau et les os seront ensuite soigneusement enduits de préservatif, et les parties enlevées (graisse, chair, etc.) sont remplacées par de l'étoupe hachée, de l'argile ou du mastic. La couture étant bien faite avec du fil solide, un examen attentif ne pourra pas faire reconnaître la place de l'incision.

Les singes sont des sujets difficiles, car les mains et les pieds doivent être ouverts sur leur face du dessous, comme l'indiquent les lignes pointillées de la figure 35. On les dépouille alors complètement jusqu'au bout des doigts et des orteils par ces incisions, et il faut enlever toute la chair que l'on aperçoit. C'est le long du dos que l'on ouvre le mieux le corps des singes, parce que c'est là qu'on trouve le plus de poils, et aussi parce que le devant est ordinairement la partie la plus en vue du spécimen.

La peau ayant été ramenée à sa position normale, et les membres et la tête placés dans leur peau respective, il faut remplacer par de l'étoupe toute la chair qui a été enlevée. Ici encore, nous nous trouvons en présence de nombreux procédés. Le plus courant consiste à mettre du mastic ou de l'argile dans les poches des lèvres, puis à introduire avec le bourroir des morceaux d'étoupe dans le crâne, sur les côtés de la figure et dans la bouche, en modelant le tout aussi bien que possible. Ce procédé, tout employé qu'il est, doit être absolument condamné, car il est impossible de faire de la sorte une œuvre vraiment artistique. Si le modelage semble parfait à un certain moment, il se produira toutefois, pendant le séchage, une contraction assez considérable qui n'échappera pas à l'œil d'un naturaliste observateur à cause de l'aspect inégal des deux côtés de la face. La méthode qui peut être absolument recommandée consiste à remplacer la chair de la tête par une substance stable, telle que le plâtre, et à bourrer le reste du corps avec de l'étoupe. C'est l'habitude des meilleurs ouvriers de former, pour les gros animaux, une carcasse en bois et en fer, et de fabriquer sur ce squelette un corps en étoupe, coton brut, etc., puis de mettre sur ce corps une couche d'argile et de plâtre, de pâte à papier, ou d'un mélange des trois, et d'y modeler soigneusement les différents muscles de la surface du corps. Lorsque cette sorte de mannequin est terminée, on étend la peau dessus et on finit en cousant, en clouant, etc.

Il peut y avoir avantage à revenir un peu plus en détail à l'écureuil. Une excellente manière de traiter la tête, grande ou petite, est la suivante : Dans les orbites et dans les endroits, d'où l'on a enlevé de grandes masses de chair, on fixe des morceaux d'étoupe, pour les petits mammifères, ou de tourbe (traitée par le sublimé corrosif pour tuer les insectes) grossièrement taillée de la forme voulue, et qui sont tenus en place au moyen de fil, de ficelle ou de fil de fer. On introduit un peu d'étoupe, en longs morceaux, dans la cavité du crâne, et on lui donne un diamètre égal à celui du cou. On enroule un peu plus autour de celle-ci, en apportant une attention particulière à la jonction de la tête et du cou. Ce cou artificiel sert à maintenir la tête, dans le cas de l'écureuil, pendant l'opération qui suit. On prépare ensuite un peu de plâtre en jetant légèrement le plâtre dans de l'eau et en agitant jusqu'à ce que l'on obtienne une masse ayant la consistance de la crème. C'est avec ceci que l'on couvre toute la tête à laquelle on donne rapidement la forme convenable à l'aide d'un couteau de table ordinaire, ou d'un couteau à mastic. Il a été fait un croquis de la tête avant qu'elle soit décharnée, et les mesures, remarques, etc., y ont été reportées. Celles-ci sont appliquées à la tête maintenant en œuvre, on ajoute ou on enlève du plâtre jusqu'à ce que l'ensemble soit une reproduction de la tête telle qu'elle a été dépouillée. En quelques minutes, le plâtre prend ; mais, même encore maintenant, on peut faire toutes les modifications nécessaires en grattant avec un couteau, ou, en cas de besoin, en se servant d'une râpe. On met un peu de cire dans les poches des lèvres et autour du nez, et puis le tout est introduit dans la peau. On peut faire pénétrer deux petits fils de fer le long des narines et dans le crâne pour maintenir le nez en place, en en laissant assez, naturellement, pour les ôter quand l'écureuil sera sec. On peut pousser la cire jusqu'au bord de la peau, s'il est mal placé, en passant l'aiguille à tricoter ou le bourroir à travers les paupières, et il peut encore être modelé de l'extérieur à l'aide des doigts. Le grand avantage de ce procédé est que, le plâtre étant stable, il est impossible qu'il se produise de contractions (1).

Bien que ce procédé semble compliqué dans cette description, on verra probablement, par la pratique, qu'il ne prend que cinq ou dix minutes, c'est-à-dire un peu plus longtemps que lorsqu'on ne se sert que d'étoupe, et le résultat sera certainement satisfaisant. On peut alors poser les yeux et les fixer sur une couche de mastic, ou, à la rigueur, les laisser pour plus tard. Évitez de laisser les yeux trop ouverts.

Il serait bon de se reporter à cet égard aux renseignements qui ont été donnés au sujet des oiseaux (chapitre II). Si on éprouve une certaine difficulté à fermer la bouche du spécimen, c'est qu'une ou peut-être deux fautes ont été commises. Ou bien les lèvres n'ont pas été pochées jusqu'au bord, ou la cire n'a pas été pressée jusqu'à l'extrémité des lèvres. Il faut que ces dernières soient dépouillées absolument jusqu'aux bords, comme il a été dit plus haut. La cire peut alors être introduite jusqu'à ces extrémités, et, lorsque la peau sèche et se contracte, elle maintiendra à part les peaux interne et externe des lèvres.

Un autre moyen de faire tenir les lèvres ensemble consiste à les épingler.

Lorsqu'il s'agit de gros animaux, on coud quelquefois les lèvres ensemble et on ôte les fils quand le spécimen est sec.

Avant de remettre le crâne dans la peau, et tandis que le plâtre prend, on peut préparer les six fils de fer — quatre pour les membres, un pour le corps, et un fin pour la queue. On peut à peine donner

(1) On vend dans le commerce des têtes d'animaux en carton-pâte toutes préparées.

une liste des fils de fer qui conviennent, parce qu'ils varient beaucoup suivant l'âge et l'attitude du mammifère.

Toutefois, voici le résultat de l'examen d'un certain nombre de mammifères achevés :

N° 18	convient pour	les belettes.
N° 17	»	les écureuils et les fouines.
N° 15	»	les furets et les putois.
N°s 12 et 13	conviennent pour	les chats et les petits chiens.
N°s 9 et 10	»	les renards et les gros chiens.
N°s 7 et 8	»	les très gros chiens et les loups.

Il vaut bien mieux prendre les fils de fer plutôt trop forts, car rien n'est plus désagréable que de s'apercevoir que le spécimen tremble et manque de stabilité quand il est fini et monté.

Le fil de fer du corps devra avoir environ 30 centimètres de long, celui de la queue, plus fin, à peu près la même longueur, et les fils de fer des pattes devront avoir de 20 à 25 centimètres de long. Effilez l'une des extrémités des fils de fer du corps et des pattes et les deux extrémités du fil de fer de la queue à l'aide d'une lime, en leur faisant une pointe triangulaire ou en forme de baïonnette. Prenez ensuite le fil de fer du corps, et, à environ 3 centimètres de l'extrémité non effilée, commencez à enrouler fortement des morceaux d'étoupe tout autour de façon à former un corps artificiel. Continuez cet enveloppement jusqu'à ce que le faux corps soit à peu près aussi long et d'un diamètre un peu moindre que le corps véritable ; rappelez-vous que le cou est déjà formé. Tournez l'extrémité non effilée du fil de fer comme il a été dit lorsque le corps de l'oiseau a été fait (fig. 17). Enfoncez les bouts effilés des fils de fer des pattes dans les plantes des pieds, et faites-les suivre la face arrière des os; enroulez un peu d'étoupe autour des os et des fils de fer en les reliant tous les deux ensemble pour représenter la chair. La patte postérieure est celle qui a le plus de caractère, et nécessite un travail appliqué. L'enveloppement sur la face antérieure de l'os (tibia) est très mince. Rappelez-vous que cette partie correspond à la partie de la jambe humaine comprise entre le genou et la cheville et que le tibia de l'homme est tout près de la peau. Les muscles sont surtout situés à la partie postérieure, où, par conséquent, il faut appliquer la plus grande partie de l'étoupe. La cuisse est plate intérieurement et arrondie en dehors.

Lorsqu'il s'agira d'un plus gros mammifère, il sera particulièrement nécessaire de remarquer le tendon d'Achille — l'épais cordon qui, à son extrémité inférieure, rejoint le calcaneum — en d'autres termes le « cordon du jambon » qui va du genou au talon.

On représente facilement ce tendon dans un gros sujet en perçant un trou dans le calcanéum et en y passant un fil de cuivre. On entoure ensuite ce fil avec de l'étoupe pour lui donner le diamètre du tendon naturel, et l'extrémité libre est alors attachée au tibia. Lorsque la peau est replacée dans sa position naturelle, un ou deux points de couture passés dans le vide qui sépare le tendon de l'os réuniront les deux côtés de la peau et donneront à cette partie une apparence naturelle que le bourrage seul ne peut donner (voir figures 36 et 37).

Le corps artificiel est alors placé dans la peau, en faisant pénétrer

Fig. 36. — Os de la patte postérieure d'un animal.

Fig. 37. — Patte postérieure artificielle.

l'extrémité pointue du fil de fer dans le centre du crâne. Passez les bouts effilés des fils de fer des pattes à travers le corps artificiel et attachez-les exactement de la même manière que les fils de fer des pattes de l'oiseau. Prenez ensuite le fil de fer de la queue et enfoncez-le dans la partie postérieure du corps, en le laissant ressortir sur le dos contre la queue que l'on aura pu garnir intérieurement d'un peu d'étoupe auparavant. Il est facile de le passer jusqu'à l'extrémité de la queue, et ensuite au travers de la peau. Le bout intérieur, qui a éte effilé à dessein, doit être courbé vers le bas dans le corps et maintenu ainsi fortement (voir fig. 38).

Le corps artificiel a été fait quelque peu plus petit que le corps naturel pour introduire, au moyen du bourroir, de l'étoupe coupée en petits morceaux, entre le corps et la peau. Commencez à la poitrine et faites celle-ci et les épaules droites. Examinez fréquemment votre ouvrage pour voir si vous obtenez la forme et les courbes voulues. Après avoir courbé les pattes dans la bonne position et vous être assuré que tout est bien de ce côté, vous pouvez laisser cette partie et vous occuper du train postérieur. Le corps est maintenant modelé de la même manière, le tour est comparé aux mesures prises au préalable, et finalement, les coutures sont faites au point déjà décrit et que représente la figure 18.

Pour coudre les animaux plus gros que l'écureuil, on préférera sans doute l'aiguille de gantier, à pointe triangulaire, parce qu'elle peut traverser une peau épaisse.

Puis, procurez-vous un morceau de bois ou une branche et fixez-y l'écureuil dans la position que vous avez choisie, en chevillant les fils

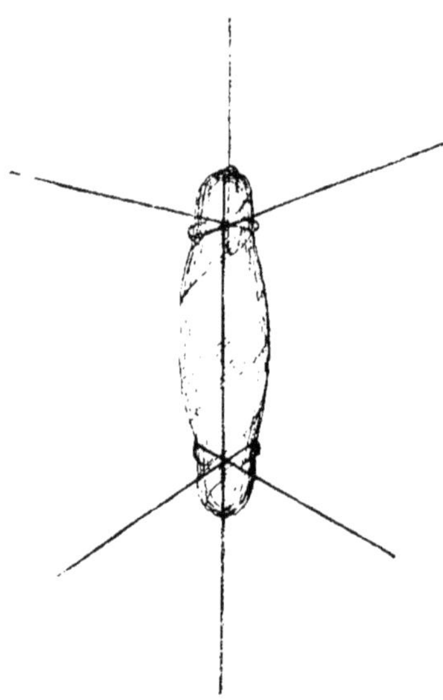

Fig. 38. — Corps pour mammifère.

de fer comme l'indique la figure 19. Remarquez que les talons de la plupart des mammifères sont plus rapprochés que les orteils. Si possible, ayez deux écureuils et conservez-en un comme modèle pour monter l'autre. Ceci sera particulièrement utile à propos de la bouche, des lèvres et du nez, car vous apprendrez davantage en en achevant un de cette manière qu'en essayant une douzaine de fois, sans modèle, à obtenir l'expression juste.

Ces indications serviront parfaitement au sujet de tout mammifère ayant la taille du chien ou du loup au maximum.

Les figures 39 et 40 représentent deux autres manières de monter les mammifères sur fil de fer, et qui sont employées par les personnes qui préfèrent le bourrage mou. Dans la figure 39, les fils de fer sont disposés de la même manière que ceux qui servent pour les oiseaux.

Les fils de fer du corps et de la queue sont réunis en un seul, et, vers l'extrémité de la partie destinée à la tête, il y a une boucle. Celle-ci se trouvera aux épaules, à l'intérieur de la peau, et les fils de fer des pattes antérieures passeront au travers et y seront solidement enroulés.

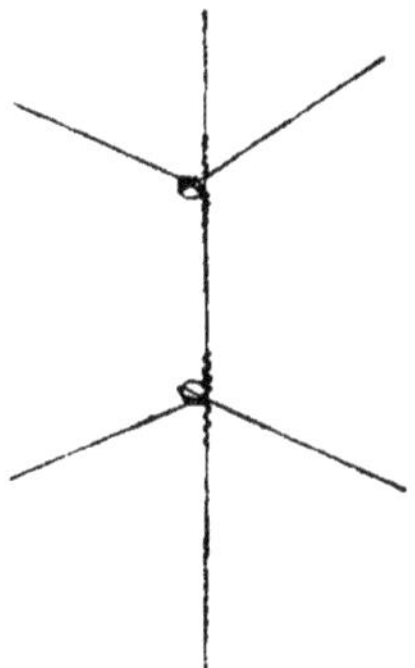

Fig. 39. — Monture en fil de fer pour le bourrage mou d'un mammifère.

Plus bas, une autre boucle sera formée dans la région des hanches. C'est dans celle-ci que passeront les fils de fer des pattes postérieures qui y seront enroulés à leur extrémité. La figure 40 représente un autre genre. On se procure deux morceaux de liège que l'on taille de

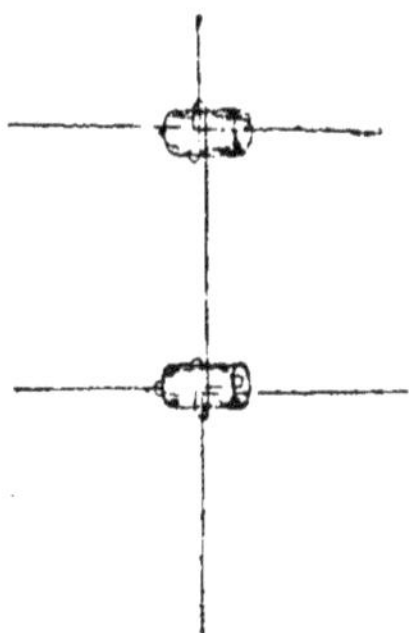

Fig. 40. — Armature en fil de fer pour montage souple de mammifère.

façon que leur longueur corresponde à la largeur respective des épaules et des hanches. On les attache alors ensemble à la distance qui sépare les épaules des hanches, mesurée sur la carcasse de l'écureuil. La figure montre clairement comment les extrémités de ce fil de fer sont chevillées dans les bouchons. Tous les quatre fils de fer des pattes traversent complètement les bouchons, et leurs extrémités pointues sont recourbées pour être fixées. Deux autres fils de fer pour la tête et pour la queue (dont les deux bouts doivent être effilés) passent à travers les bouchons et sont également attachés par les extrémités chevillées dans les bouchons. La figure explique très clairement ce procédé. Celui-ci constitue assurément un progrès sur la figure 39, bien qu'il entraîne beaucoup plus de travail. Aucun d'eux ne peut, d'ailleurs, se comparer à la méthode illustrée par la figure 38, soit pour la facilité, la rapidité ou la précision.

Les mammifères qui ont la gueule ouverte ont les lèvres retroussées, montrant les gencives et la face interne des lèvres. Celles-ci devront être peintes, mais il ne faut pas que les couleurs soient trop foncées. On peut nettoyer les dents avec de l'acide chlorhydrique faible. Les dents des renards, des chiens, etc., peuvent être blanchies par un lavage à l'eau de carbonate de soude chaude, un rinçage et l'application d'un mélange de 30 grammes d'eau oxygénée et de vingt à trente gouttes d'ammoniaque ; appliquez souvent ce mélange pendant une période de dix heures, puis lavez. Si c'est nécessaire, polissez avec une étoffe humide qui aura été plongée dans de la pierre ponce finement pulvérisée, et, en dernier lieu, avec du blanc d'Espagne et un peu d'eau de savon chaude. Laissez sécher très lentement.

On ne peut donner que très peu de renseignements au sujet des attitudes des mammifères, mais remarquez qu'un animal exprime rarement ses émotions par sa face sans qu'il y ait une action correspondante des membres ou du corps, et, comme ces actions varient avec les espèces, il est impossible de donner une règle générale ; mais on peut apprendre beaucoup en observant un chien ou un chat. Quand le chat est fâché, ses oreilles sont presque au niveau de la peau de sa tête ; son dos est arqué aussi haut que possible ; ses poils sont légèrement hérissés, sa gueule est ouverte, montrant les dents.

Il se peut qu'une patte soit levée à demi, prête à frapper, les autres pattes étant presque droites, et la queue a une courbe particulière, relevée sur environ un quart de sa longueur et le reste retombant verticalement, ou alors elle est agitée, battant les flancs de l'animal.

Si un chat est effrayé, son dos et ses oreilles peuvent avoir la position indiquée plus haut, mais ses poils seront hérissés.

S'il est content, son dos sera arqué, mais pas autant que lorsqu'il est en colère, ses oreilles seront dressées et sa queue relevée ; en même temps, il se peut qu'il frotte sa tête et son corps contre l'objet qu'il désire caresser.

Chez le chien, presque chacune des actions est différente. Les mouvements de la queue expriment la joie, tandis que lorsque celle-ci est raide et relevée, elle exprime l'attention ; si, en même temps, le poil est hérissé, cela indique certainement la colère. Dans l'attaque, tous les muscles sont tendus, le poil est comme une brosse, la queue droite et dressée, les membres sont raides, les oreilles couchées et les lèvres sont contractées, découvrant largement les dents.

Les oreilles sont dressées quand l'animal est attentif ou lorsqu'il provoque.

Ces exemples sont donnés simplement pour montrer que c'est la nature et non les taxidermistes qu'il faut prendre pour guide.

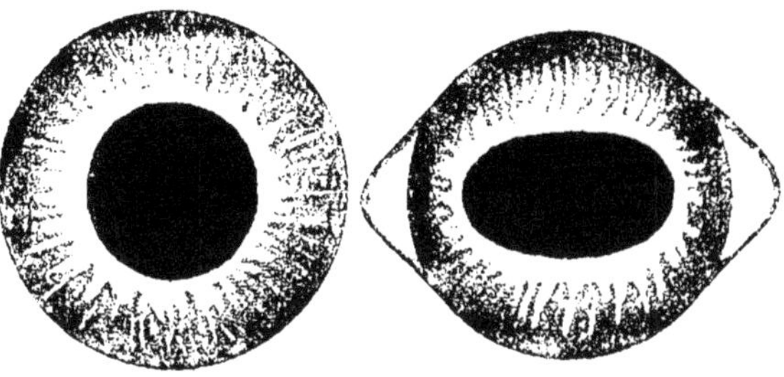

Fig. 41. Fig. 42.
Yeux artificiels.

Certains renseignements donnés plus haut à propos des oiseaux peuvent également s'appliquer ici.

La figure 41 représente un œil veiné, et la figure 42, un œil veiné à

Fig. 43. — Bourse en moleskine.

coins qui convient pour les gros mammifères. D'autres yeux plus petits se trouvent figure 25.

On peut faire une jolie petite bourse avec le corps d'une taupe. Faites une incision le long du ventre depuis les pattes de devant jusqu'aux pattes postérieures ; détachez ensuite la peau de chaque côté aussi loin que possible. Détachez du corps les pattes postérieures, puis la queue et dépouillez le corps jusqu'aux pattes antérieures. Séparez ces dernières, et dépouillez jusqu'à l'extrémité du nez. Détachez tout le corps en sectionnant à la base du crâne. Enlevez le cerveau et décharnez entièrement le crâne et les pattes. On peut ne pas s'occuper de la queue.

Appliquez alors du préservatif de Browne et mettez un peu de mastic autour du nez et de la gueule, et remplissez bien le crâne avec de l'étoupe, en en laissant dépasser un peu pour former un cou ; mettez aussi un peu d'étoupe le long des joues et dans la bouche pour remplacer la chair et la langue. Retournez la peau dans sa position primitive et donnez à la tête la forme convenable en modelant le mastic avec les doigts, du dehors.

Il n'est pas utile de mettre des yeux.

Formez alors un sac en peau de chamois qui s'adaptera à l'intérieur du corps, et achevez l'ouvrage comme le représente la figure 43.

CHAPITRE IV

TÊTES D'ANIMAUX AVEC CORNES. POLISSAGE ET MONTAGE DES CORNES

Les têtes d'animaux avec cornes figurent parmi les spécimens favoris de l'art du taxidermiste. La possibilité de tirer un bon parti d'une tête quelle qu'elle soit dépend principalement de la longueur de la peau du cou que l'on y a laissée.

Les gardes-chasse, et d'autres, qui devraient en savoir plus long sur ce point, lorsqu'il s'agit d'apprêter un daim, coupent très souvent la peau au niveau de la gorge. Il est alors impossible de la coudre sans laisser voir une vilaine ligne de points à la partie la plus exposée.

Une autre faute, commise même par ceux qui voudraient envoyer le spécimen dans les meilleures conditions, consiste en ce qu'ils laissent un long morceau de peau sur le derrière de la tête seulement, tandis que, en réfléchissant, on voit que la peau du cou doit être longue, non seulement en arrière, mais même davantage sur le devant.

Lorsqu'on reçoit la tête, il vaut beaucoup mieux, à moins que l'on puisse l'entreprendre immédiatement, la mettre dans un seau de forte saumure. Si l'on néglige cette simple précaution, on s'apercevra très vraisemblablement que les poils tombent, lorsque l'on commencera le travail, et il sera alors impossible de le mener à bien.

Au moment de travailler la tête, retirez-la de la saumure, lavez-la à l'eau claire pour enlever le sel, et, comme il y a lieu de penser qu'une tête de daim doit être montée, frottez et nettoyez en même temps avec de l'eau et du savon les bois ou les cornes.

Les outils et substances nécessaires sont : un couteau, de solides ciseaux, une scie, un ciseau, un maillet, des alènes, un marteau, de longues vis, un morceau de bois de sapin de 3 à 5 centimètres d'épaisseur, du mastic, de l'étoupe, du fil, des yeux, du carton ou du zinc, ou du cuivre, en feuilles, de la tourbe et du plâtre.

Commencez avec un crayon et du papier.

Faites quelques croquis et notez-y les mesures.

Remarquez la forme et la dimension des narines, la conformation des lèvres, et la position des paupières lorsque les yeux sont ouverts.

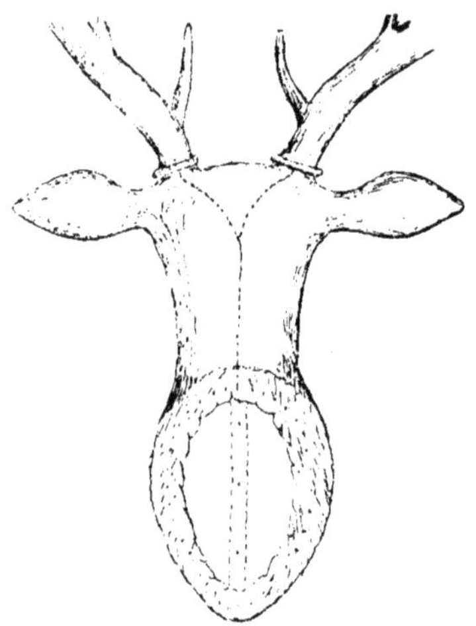

Fig. 44. — Vue d'arrière d'une tête avec corne.

C'est principalement, sinon entièrement, de ces points que dépend le caractère de l'animal, et c'est sur ces points que tant de prétendus naturalistes échouent, car un mouton, une chèvre, ou un daim, bien qu'ils possèdent de nombreuses caractéristiques communes, n'en ont pas moins chacun des particularités spéciales, et si on omet ces points particuliers, si on traite tous les animaux de la même manière, on commet l'une de ces erreurs manifestes qui ont attiré sur la taxidermie l'ironie des véritables naturalistes.

La tête est placée l'arrière tourné du côté de l'opérateur, et entaillée en son milieu jusqu'à environ cinq centimètres de la base des bois ; à partir de ce point, pratiquez deux incisions jusqu'aux bois et découpez l'arrière de ceux-ci (fig. 44).

Certaines personnes font cette incision jusqu'à un point situé au milieu de l'intervalle des bois et pratiquent ensuite une coupure perpendiculaire jusqu'aux bois, formant de la sorte un T allongé, mais ce procédé n'est pas, à beaucoup près, aussi bon que celui qui consiste à faire les incisions en forme d'Y allongé, et qui est indiqué dans la figure 44.

En soulevant l'un de ces morceaux de peau, dépouillez rapidement jusqu'à ce que vous soyez arrêté par un morceau de chair qui semble sortir de la tête, et qui est l'oreille. Taillez dans la chair de façon à détacher l'oreille de la tête tout auprès du crâne. Ceci laisse une grande quantité de chair à l'intérieur de l'oreille ; mais ne vous en préoccupez pas, car elle peut être traitée plus tard. En répétant cette opération de l'autre côté, on peut atteindre les bois, mais il est nécessaire de faire grande attention. La peau doit être détachée du bois sans qu'il y reste le moindre poil. C'est là une preuve de dextérité. Mais cette peau est si adhérente que l'on ne peut la faire filer très facilement ; procédez donc par creusement, travail plus difficile à décrire qu'à exécuter. Cependant, enfoncez le couteau à la racine des bois et faites-en le tour en creusant de manière à séparer le poil du bois.

En coupant simplement le pourtour avec le couteau au lieu de creuser, il est probable que quelques petits morceaux de peau et de poil resteront attachés.

Dépouillez rapidement en continuant jusqu'à ce que vous atteigniez les yeux, qui demandent un grand soin parce que les paupières doivent être séparées ; on arrive le plus facilement à exécuter ce travail en plaçant l'index gauche à l'intérieur de la paupière et en tâtant, en quelque sorte, comment se meut le tranchant du couteau, le dirigeant par des mouvements souples et faisant de très courtes entailles. Après avoir fait ainsi de deux à trois centimètres, on est obligé de s'arrêter à une ligne foncée, qui est la jonction des peaux interne et externe ; c'est à cet endroit que commencent les cils. La paupière ressemble, à ce moment, à une poche vide retournée. Détachez la, tout près de l'œil. On verra bientôt l'utilité de cette poche. On rencontrera dans l'angle interne de l'œil un conduit creux descendant vers le nez. C'est le canal lacrymal. Entaillez dans ce canal, plutôt que du côté de la peau, car, autrement, le jour passerait certainement, surtout dans la partie inférieure, ce qui n'est pas nécessaire. On rencontrera, toutefois, avant cela, le coin interne de la peau de la gueule, mais, comme il est grand, épais et spacieux, on ne trouvera aucune difficulté pour le séparer des dents jusqu'au bord des lèvres.

On aura avantage à enlever une bonne partie du repli de cette peau, savoir la partie garnie de pointes ou papilles qui s'étend le long de la joue à l'intérieur de la gueule.

Passez rapidement au nez, qui, étant assez développé, ne présentera pas de difficultés. On dépouille plus vite et plus facilement si l'on a coupé le cartilage du nez de part en part.

Ayez soin de laisser beaucoup de muqueuse ou de peau à l'intérieur des narines.

La tête est donc dépouillée, et les peaux internes et externes des paupières, des lèvres et des narines ont été séparées à leur extrémité.

Ce sont les oreilles qui doivent maintenant être traitées. Il faut les fendre aussi près que possible des extrémités, mais si l'opérateur va jusqu'à la pointe même, il risque fort de couper la peau, qui, au bord, est très mince.

Les doigts seuls peuvent faire la plus grande partie de ce travail, le couteau étant seulement utilisé pour couper les cordons ou fibres conjonctives qui se présentent. Ainsi, on retourne l'oreille qui forme une grande poche.

Le cartilage doit être ménagé, mais on doit aussitôt enlever la chair adhérente. On peut faire quelques croquis de la tête dépouillée et y noter les mesures. Remarquez que les joues ne ressortent pas comme des hémisphères, mais sont presque plates, avec un renflement presque imperceptible vers l'extérieur qui remplit presque tout l'espace entre les mâchoires, arrivant à peu près, mais pas tout à fait, au niveau de la partie inférieure de l'orbite.

Il y a deux manières de procéder maintenant :

1° Enlever complètement la peau de la tête en séparant la peau des dents. La peau est alors préparée au moyen d'un préservatif ou plongée dans de la saumure tandis que l'on traite aussitôt le crâne. Cette méthode présente de nombreux avantages et c'est la meilleure lorsqu'il s'agit d'une tête de grandes dimensions et que le nettoyage du crâne doit prendre un certain temps, car on peut alors le faire bouillir et le débarrasser entièrement de la chair et de la graisse, tandis que la peau s'imprègne de préservatif. Toutefois, la préparation ultérieure de la gueule n'est peut-être pas tout à fait aussi facile à tous les points de vue ; il vaut donc mieux, pour un premier essai, adopter le deuxième procédé ; 2° le deuxième procédé consiste à laisser la peau attachée à la tête.

On peut maintenant nettoyer le crâne.

En coupant en descendant le long de l'arcade de l'orbite, et en se tenant ensuite le long de l'os plat qui se trouve au-dessous, il est possible d'enlever la joue d'un seul morceau.

En faisant une entaille dans le milieu à l'arrière du crâne, et en grattant en descendant, pour ainsi dire, vers l'oreille, on aura très probablement toute la chair de cette région d'une seule pièce. Il s'agit ensuite de s'occuper de l'œil. Si on coupe en suivant le bord de l'orbite, on peut détacher de l'os et pousser facilement dans l'intérieur tout ce qui forme l'œil, tant ces parties de l'organe sont peu attachées. Puis, à l'aide d'un couteau, on tranche les nerfs et les fibres, et avec un levier, on peut vider l'orbite d'un seul coup. En tournant la tête de façon que la mâchoire inférieure se trouve en haut, et en coupant le long de l'intérieur de la mâchoire, en râclant l'os sur toute sa longueur, on pourra enlever tout ensemble la langue et la plus grande partie de la chair avoisinante.

Ainsi, presque toute la chair a été détachée du crâne en sept morceaux, savoir : deux joues, deux yeux, les deux régions des oreilles, et la langue.

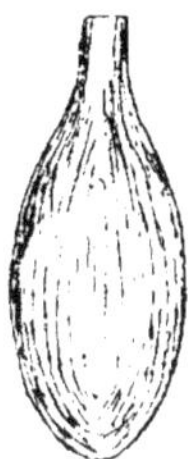

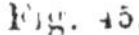

Fig. 45.

Fig. 46.

Bois tourné pour former l'oreille.

Avec la scie, faites deux entailles en biais dans la face inférieure du crâne en les faisant pénétrer aussi près des parois latérales que le permettront les mâchoires ; la pointe du triangle ainsi formé se trouvera dans l'orifice de l'arrière du crâne par lequel passe la moelle épinière. A l'aide du ciseau, coupez dans le palais entre les yeux et tout l'os se détachera d'un seul morceau, découvrant la base du cerveau.

Il est facile, avec un peu de soin, de séparer la peau qui entoure le cerveau de celle qui double le crâne à l'intérieur, car les deux sont absolument distinctes, et le crâne sortira alors tout entier. C'est beaucoup moins sale et désagréable que de se servir d'une curette et d'extraire le cerveau petit à petit.

Examinez le tout, enlevez le moindre morceau qui aurait été oublié ; on en trouvera un peu autour des articulations des mâchoires. La peau épaisse de l'intérieur du crâne doit être retirée ; il faut aussi nettoyer et gratter l'intérieur du nez ; on peut bien enlever maintenant, si on ne l'a pas fait plus tôt, la muqueuse munie de papilles qui se trouve le long des molaires.

Faites disparaître le moindre morceau de chair ou de peau qui adhérerait à la peau ; en somme, pour modeler convenablement une tête, il est nécessaire d'amincir la peau sur toute sa surface. Il faut préserver l'ensemble de la peau ; il n'y a, pour ce faire, de meilleure préparation que le préservatif de Browne, obtenu en mélangeant une partie de sal-

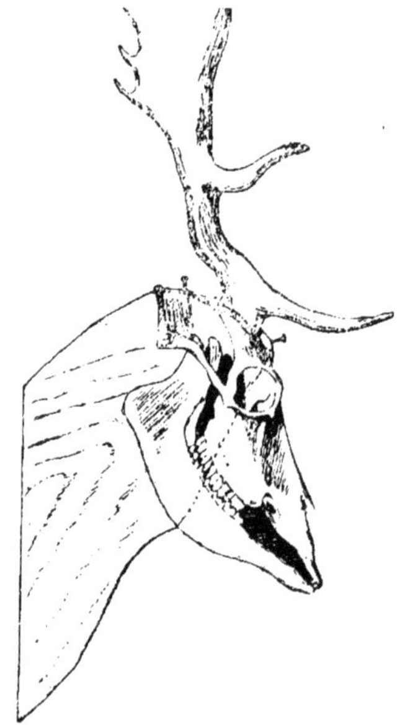

Fig. 47. — Crâne et planchette centrale pour cou modelé.

pêtre et quatre parties d'alun calciné. On doit le bien frotter sur toutes les parties de la peau ; le poil tombera en tout endroit qui aura été oublié. Ce mélange a une action beaucoup plus rapide et plus énergique lorsqu'il a été réduit en pâte avec de l'eau. Couvrez-en bien tous les points de l'intérieur de la peau, en ayant soin de n'omettre ni les yeux ni les oreilles. Préparez soigneusement l'os et laissez-le de côté pour un moment, vingt-quatre heures, si possible, afin que le préservatif le pénètre. Pendant ce temps, il sera bon de se procurer un morceau de bois tourné de la forme représentée par la figure 45. Scié au milieu dans le sens de la longueur, celui-ci donnera deux morceaux de la forme que montre la figure 46. On forme les oreilles sur ces deux morceaux et, au milieu de la partie plate de chacun, on peut mettre, dans le sens de la longueur, une dizaine de petits clous pour tenir les fils qui servent à relier l'oreille au morceau de bois. Procurez-vous également un peu de mastic et un morceau de carton. Dans ce carton, découpez un morceau de la même forme et de la même grandeur que le cartilage de l'oreille. Beaucoup de personnes emploient dans ce but une mince feuille de zinc ou de cuivre.

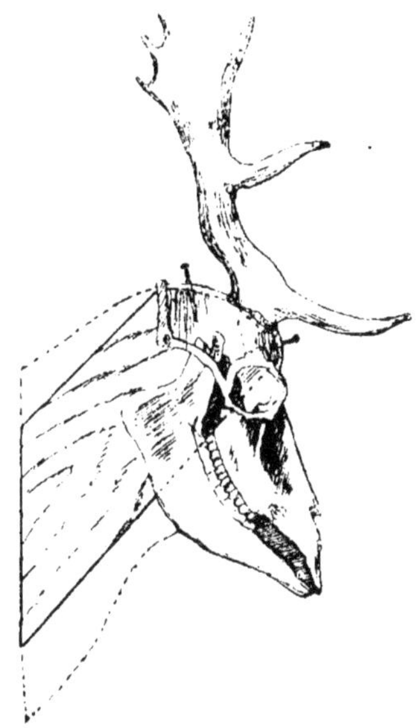

Fig. 48. — Crâne et planchette centrale pour cou souple.

On peut commencer maintenant la deuxième partie du travail, qui est le modelage. Coupez d'abord un morceau de bois de sapin de 4 centimètres d'épaisseur, sur lequel vous fixerez le crâne. La longueur dépendra de celle de la peau du cou qui tient à la tête, et il est bon de la déterminer avant d'entreprendre le travail. En se reportant aux figures 47 et 48, on verra que ces supports ou planchettes centrales sont de deux formes.

Quelle que soit la forme employée, le crâne doit y être solidement fixé à l'aide de longues vis passant dans des trous percés d'avance. Sur les figures 47 et 48, on voit ces vis placées en partie. Maintenez les mâchoires fortement attachées ensemble à l'aide de fil de cuivre.

Le crâne étant solidement fixé, remplacez les plus grandes masses de chair par des morceaux de tourbe, taillés grossièrement de la forme voulue, qui seront tenus en place par des clous, du fil de fer ou de la ficelle. La tourbe n'est pas absolument nécessaire ; du papier froissé et bien serré, ou de l'étoupe roulée en pelotes, peut aussi servir à cette occasion. Quelle que soit la matière dont on fait usage, il faut l'attacher fortement. Un gros morceau remplacera la langue, deux autres formeront les joues, deux autres rempliront en partie les orbites, etc. Quittant ce travail pour un moment, mélangez un peu de plâtre en le jetant légèrement dans de l'eau et en agitant jusqu'à ce qu'il prenne la consistance d'une crème un peu épaisse. Couvrez-en rapidement toute

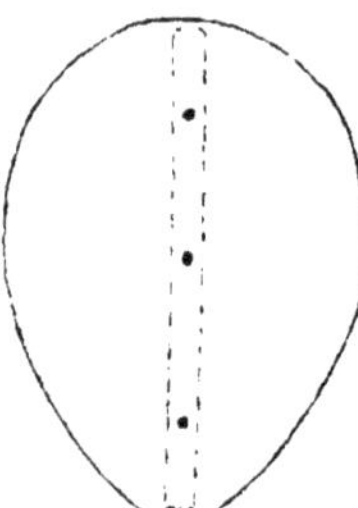

Fig. 49. — Plaque de cou pour tête avec cornes.

la tête partout où il a été enlevé de la chair, en modelant avec un couteau plat. Il est indispensable d'aller vite, car le plâtre prend très rapidement ; mais on peut toujours lui donner la forme voulue en se servant d'une râpe ou d'un couteau. Veillez à ce qu'il entre assez de plâtre à l'intérieur du crâne, pour contribuer à fixer la planchette centrale, ou support de bois.

Si on choisit la méthode indiquée par la figure 47, la plaque du cou devra être découpée en premier lieu ; il faudra alors fixer, avant de rien commencer, d'après la longueur de la peau du cou, la dimension et la longueur de la plaque, ainsi que l'inclinaison de la tête. Attachez cette plaque à la planchette centrale à l'aide de trois longues vis, ainsi que le montre la figure 49, dans laquelle les lignes pointillées représentent la position de la planchette centrale.

Commencez alors à placer de l'étoupe, de la tourbe, des copeaux, du coton brut, du papier même pour former un cou artificiel, le faisant rempli sur les côtés et l'amincissant graduellement, en ayant soin de marquer toutes les dépressions et les renflements des différents muscles et de ne pas donner à l'ensemble une rotondité uniforme (fig. 50). Beaucoup de taxidermistes plus hardis couvrent maintenant tout le cou avec du plâtre ou de l'argile à modeler, et donnent la touche finale avec un couteau, une râpe ou des outils de modeleur, en reproduisant autant que possible tous les muscles.

Ceci demande, naturellement, une certaine connaissance de l'anatomie qu'un débutant est supposé ne pas posséder ; toutefois, on peut exécuter un bon travail sans ce modelage final.

Introduisez avec précaution dans les oreilles les formes de carton,

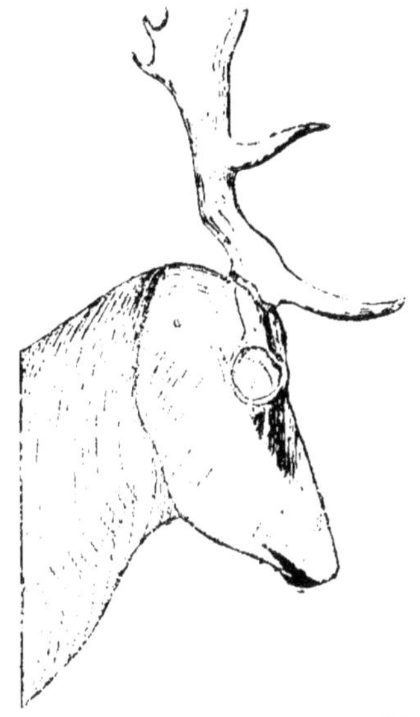

Fig. 50. — Tête en plâtre avec cou d'étoupe.

de zinc ou de feuille de cuivre qui sont déjà découpées. Remplacez par du mastic la chair qui a été enlevée à la base des oreilles. Placez une couche de mastic à l'intérieur des poches des lèvres et des paupières, et remplissez-en bien aussi le nez. Tirez ensuite la peau sur le modelage, en ayant soin de placer à l'endroit précis les angles internes des yeux, pour avoir une concordance absolue, et mettez immédiatement une fine attache ou une pointe pour la maintenir dans sa position, car si ce point est mal ajusté, rien n'ira bien. Puis, pressez le canal lacrymal sous le rebord saillant de l'os, et mettez une autre épingle à son extrémité la plus éloignée et la plus creuse. Mettez ensuite en place la peau qui entoure la base des cornes, plutôt par la persuasion que par la force. Clouez, avec une ou deux pointes d'acier, la peau dans l'os, tout auprès de la corne, puis cousez-la au moyen du point que représente la figure 18. Continuez le long de l'une des branches de l'Y, et achevez à cet endroit, puis, avec un autre morceau de fil, recousez la peau autour de la base de l'autre corne ; faites la couture de la seconde branche de l'Y et attachez ensemble les deux fils à leur jonction.

Assurez-vous que les bases des oreilles sont bien remplies de mastic, et que les oreilles sont dressées à angle égal.

Si c'est la planchette centrale représentée par la figure 48 qui est employée, il faut adopter la méthode de bourrage mou pour le cou.

Comme on le voit (fig. 49), la plaque du cou est un morceau de bois ovoïde découpé dans une planche de bois blanc de 2 centimètres d'épaisseur. On bourre le cou en y introduisant à l'aide du bourroir (fig. 11 et 12) quelques morceaux d'étoupe, en faisant la couture sur 5 centimètres chaque fois, en descendant, et s'assurant, à mesure que le bourrage avance, que le cou est bien formé, bien arrondi en haut et plus mince vers la gorge. Lorsqu'on arrive à la plaque du cou, il faut rabattre de force le bout de la peau par-dessus le rebord de la plaque et le fixer au moyen d'attaches enfoncées dans la face postérieure (fig. 51). Posez-la provisoirement sur une monture grossière de manière à pouvoir l'accrocher à l'abri pour sécher, quand elle est terminée.

Il faut modeler délicatement les lèvres et le nez. Le poids du mastic qui se trouve dans la poche de la lèvre inférieure tendra à faire retomber celle-ci, et, sans doute, il y a trop de la muqueuse de la lèvre supérieure qui se découvre ainsi. Le nez, lui aussi, est tout déformé. C'est à ce moment que les notes et les croquis pris avant le dépouillement ont toute leur valeur. En passant la main en descendant depuis le front jusqu'à l'extrémité du nez, on pousse vers le bas le mastic, qui allonge le nez. Les angles supérieurs des narines devront être pincés un peu pour amincir légèrement cette partie. La peau interne du nez pourra être mise en place au moyen d'un porte-plume, et les angles inférieurs seront aussi arrangés de la même manière.

Le reste du travail est difficile à décrire ; en revanche, il est très facile à faire.

Après avoir rectifié le nez, pressez la lèvre supérieure vers le bas avec le doigt, et le mastic descendra, corrigeant ainsi cette lèvre. La lèvre inférieure doit être pressée vers le haut, à partir du menton, ce qui fera monter le mastic, qui, toutefois, ne restera pas en haut, en raison de son poids et de la contraction de la peau pendant le séchage. Il est, par suite, d'usage de maintenir les lèvres en place en les cousant ensemble ou les rattachant au moyen de fines pointes d'acier. Ce dernier procédé est préférable. Il n'y a plus, maintenant, qu'à s'occuper des yeux. Remplissez de mastic les orbites, placez-y les yeux artificiels, en remarquant comment l'iris est disposé, puis rabattez délicatement les paupières ; avec l'alène, modelez ensuite les dépressions au-dessus et au-dessous des yeux. Mettez une forme de bois (fig. 46) dans chaque oreille et liez le tout au moyen de fils qui porteront sur les attaches clouées dans les surfaces plates (fig. 52 et 53) où ils seront maintenus en place (fig. 54).

La tête disposée sur sa monture provisoire peut être suspendue à l'écart, pour sécher, ce qui durera quelques semaines.

Pendant ce temps, on pourra fabriquer la monture définitive, ou écusson, dont on trouvera plus loin, aux figures 55 à 61, quelques modèles appropriés. Pour faire ces écussons, pliez en deux un mor-

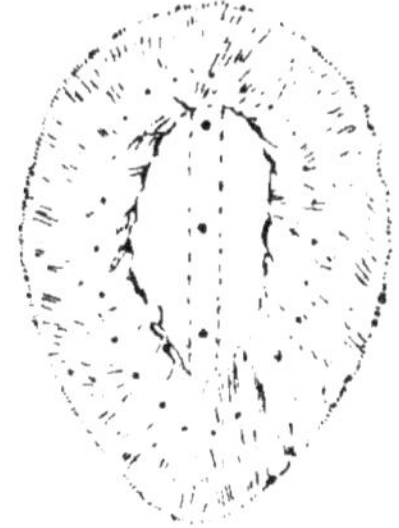

Fig. 51. — Peau clouée sur plaque de cou.

ceau de papier, dessinez la moitié de l'écusson, puis découpez les deux feuilles de papier. Remettez celui-ci à plat et reportez le dessin sur le bois à l'aide d'un crayon. Découpez alors le bois avec une scie fine et, si vous le désirez, faites une moulure sur les arêtes. En travers des figures 56 et 57, des sections indiquent de quelle manière on peut achever les arêtes. Le chêne, le hêtre, le noyer et l'acajou sont peut-être les meilleurs bois.

Il faut qu'ils soient bien finis, rabotés et passés au papier de verre, puis vernis.

Les bois blancs peints et vernis ne doivent pas être employés car ils ont une mauvaise apparence et pourraient déprécier un travail de valeur. Un écusson en bois dur, peint en noir, puis poli fait bien derrière une tête de couleur claire.

L'ébène mat ou le bois ébène non poli sont trop sombres pour les cas ordinaires, bien que l'on s'en serve souvent.

La touche finale est donnée lorsque la tête est sèche. Elle consiste à colorier le bord des paupières et le nez. On emploie généralement du noir de fumée ; mais si on examine le nez de plusieurs animaux, on verra que bien peu sont noirs et qu'il y en a moins encore d'une seule teinte. Dans la plupart des cas, il y a différentes nuances, les bruns prédominant, et il faut assortir ceux-ci aussi bien que possible.

Comme tous les spécimens qui ne sont pas mis dans des boîtes ou dans des vitrines sont exposés aux attaques des insectes ou plutôt, de leurs larves, il est bon de les reprendre au moins une fois par an, de bien les brosser pour enlever la poussière, puis de les enduire de térébenthine. Lorsque celle-ci a séché, on peut replacer les spéci-

Fig. 52. Fig. 53.
Oreille préparée et liée.

mens qui dureront ainsi beaucoup plus longtemps que si on les négligeait.

On peut nettoyer et monter une paire de bois de cerf de la manière suivante :

Lavez et frottez bien les bois et les andouillers avec de l'eau chaude et du savon. Séchez-les complètement avec une toile ou une serviette, puis frottez-les de nouveau avec une étoffe absolument sèche afin de faire disparaître un peu de la térébenthine qui se trouve aux arêtes vives et aux proéminences. La figure 62 montre comment, en coupant un morceau de la partie arrière du bois, on peut fixer celui-ci à la monture au moyen d'une vis passant dans un trou percé à l'avance dans le bois. La figure 63 représente un front artificiel en bois muni de courtes saillies sur lesquelles reposent les bois, fixés en arrière par une longue vis. Un autre procédé consiste à forer dans le sens de la longueur en commençant par la base du bois un large trou dans lequel on pose un goujon (fig. 64), à l'aide duquel on peut fixer le bois comme l'indiquent les figures 62 ou 63. Des montures et des écussons pour cet usage sont représentés par les figures 55 à 61.

On peut monter les cornes du daim de manière à en faire des patères d'une façon très simple.

Procurez-vous un morceau de bois dur, du chêne, de préférence, et découpez-le en forme de cœur. Après avoir bien préparé la surface et cannelé ou moulé les arêtes, polissez le tout. Puis sciez obliquement l'os du crâne en commençant à 3 centimètres environ en arrière des bois pour aboutir à 6 ou 7 centimètres en avant. Les cornes, attachées

Fig. 54. — Tête avec cornes terminées.

au front, auront ainsi été séparées du reste du crâne, et, le front étant posé sur l'écusson, chacune doit être placée à la même distance de celui-ci. Il est donc nécessaire de s'assurer qu'il reste autant d'os d'un côté que de l'autre. Attachez ensuite les cornes à l'écusson à l'aide de deux longues vis qui traversent l'os du front. On peut poser à l'arrière de la monture, pour la suspendre, un anneau comme ceux que l'on emploie pour les miroirs et les trumeaux.

On ne polit pas de la même manière les cornes de daim et les cornes de bœuf. Dans les deux cas, les cornes sont de substance différente, les animaux qui les produisent étant, par ce fait, classés par les naturalistes dans des familles distinctes.

Les cornes des bœufs sont de la véritable corne et peuvent être détachées du noyau osseux sur lequel elles croissent comme une espèce de peau durcie. Les cornes de daim sont massives d'un bout à l'autre et croissent directement sur le crâne, où elles ont leur racine. Le meilleur

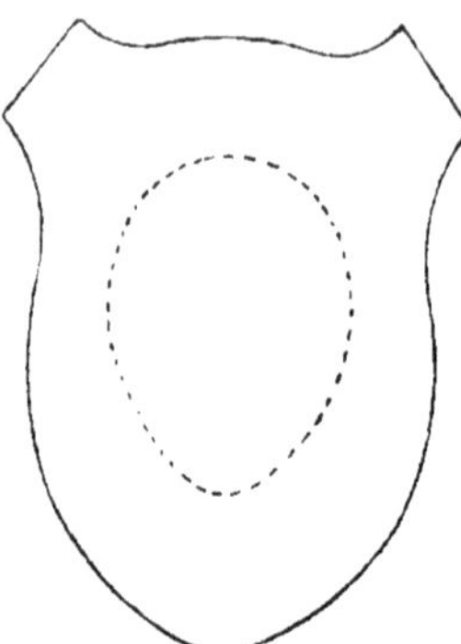

Fig. 55. — Écusson indiquant la position de la plaque du cou.

moyen de nettoyer une paire de cornes est de bien les laver à la brosse avec de l'eau et du savon, puis de les laisser sécher. On peut alors en frotter à nouveau la surface avec une brosse dure jusqu'à ce qu'un certain brillant apparaisse sur les parties en relief. On peut gratter la

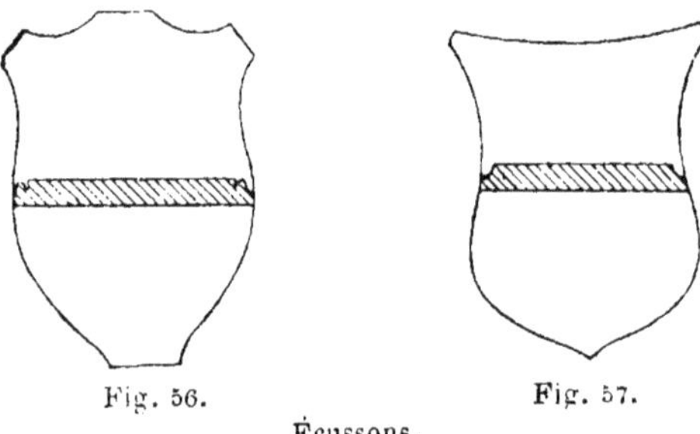

Fig. 56. Fig. 57.
Écussons.

pointe des andouillers jusqu'à ce que la partie plus blanche de dessous soit visible ; on emploie à cet effet un morceau de verre cassé. L'effet ainsi produit est très heureux si on a soigneusement ménagé par le grattage la transition du blanc au brun foncé.

On peut donner un brillant spécial en retouchant les extrémités et les parties en relief avec une solution légère de laque blonde dissoute dans de l'alcool, que l'on applique avec un pinceau doux. Certaines personnes vernissent toute la surface des cornes avec une solution de laque ; mais, de l'avis de quelques autres, l'effet n'est pas aussi bon que lorsque certaines parties seulement sont brillantes, tandis que la surface reste généralement mate.

Les cornes de daim et les cornes de même nature peuvent être polies

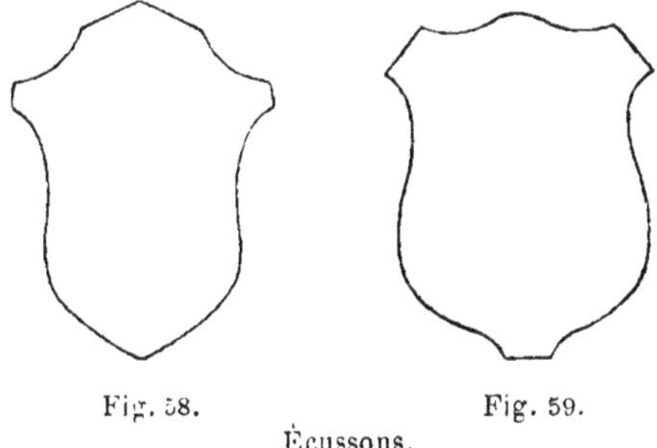

Fig. 58. Fig. 59.
Écussons.

aussi de la manière suivante : Enlevez avec une râpe, puis avec une lime, toute la partie extérieure rugueuse. Puis, grattez bien avec un couteau, un grattoir d'acier ou le côté d'un ciseau d'acier pour enlever les traces de lime. Passez ensuite du papier de verre de différentes

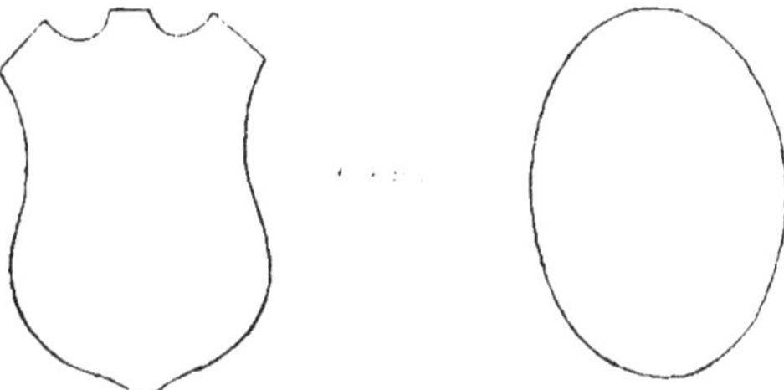

Fig. 60. — Écusson. Fig. 61. — Monture ovale.

grosseurs, en terminant par le plus fin. Otez alors soigneusement toute trace de poussière et renouvelez ce nettoyage après chaque opération. Pour polir les cornes, appliquez, au moyen d'un linge trempé dans l'huile de lin, un peu de la poudre de corne provenant des travaux précédents, et frottez fortement.

Appliquez ensuite un peu de poudre de potée ou de sable fin avec une flanelle trempée dans de l'eau et frottez encore énergiquement. Mettez ensuite du blanc d'Espagne avec un chiffon imbibé de vinaigre.

Passez une peau de chamois et un peu d'huile, un cuir sec, et, pour finir, frottez vivement avec la paume de la main.

Les défenses d'éléphant sont polies exactement de la manière même qui a été indiquée pour les cornes. On fait un mélange crémeux de blanc d'Espagne et d'eau, de vinaigre ou d'alcool à brûler, que l'on applique avec une brosse à ongles. Après avoir rapidement frotté jusqu'à ce que toutes les marques de la surface aient disparu, on recommence avec une brosse et de l'eau. On sèche avec un linge souple et on frotte enfin avec une brosse et un peu d'huile.

Voici un autre procédé. Prenez un morceau de bois des dimensions approximatives suivantes : 45 centimètres sur 5, et 3 centimètres d'épaisseur ; recouvrez l'un des côtés avec du feutre ou du drap épais. L'autre côté sera couvert de chamois, de peau de buffle ou de cuir. Ayez soin en clouant, de ne rien érafler.

On peut prendre pour modèle un cuir à rasoir, où le cuir est d'abord fixé près du manche, puis retourné et attaché par des clous pénétrant dans l'extrémité. Le blanc d'Espagne mouillé est appliqué sur le côté couvert de drap, et on en frotte vivement la défense, en évitant de former des plats. On sèche avec un linge, puis, finalement, on polit à l'aide de blanc d'Espagne sec que l'on applique avec le côté de la planche où se trouve le cuir.

Les figures 65 et 66 représentent un projet de monture pour une paire de défenses.

La planche en forme d'écusson est en chêne, en acajou ou en pitch-pin de 2 à 3 centimètres d'épaisseur, cannelée sur les côtés et arrondie aux angles, comme dans la figure 65. On doit y fixer un morceau de même bois, de 9 centimètres d'épaisseur, dont la partie antérieure et les extrémités sont moulurées comme le montre la section, (fig. 66). A sa partie supérieure, on devra ménager deux trous, ayant 4 centimètres d'épaisseur, destinés à recevoir les extrémités des défenses. Posez deux anneaux de laiton avec plaque d'arrière au moyen de vis comme le représentent les figures 65 et 66. Les extrémités effilées des défenses seront passées dans ces anneaux, qui les maintiendront en place.

Pour polir des cornes d'Afrique, passez-les d'abord à la vapeur pendant quelques heures, puis grattez-les soigneusement avec un vieux rasoir, ou avec un morceau de verre cassé. Prenez ensuite un morceau de papier de verre très fin et polissez en frottant toujours suivant la courbe de la corne. Mettez ensuite de la poudre de potée (oxyde d'étain) et de l'eau sur un morceau de drap épais ou de couverture ; puis de la poudre de potée à sec. A l'aide d'un tour à polir, on peut donner un brillant poli avec un *cuir* souple et de la fine chaux sèche.

Le montage de ces cornes dépend avant tout de leur taille et de leur forme. On peut en faire des tabatières et des pots à tabac en y ajustant une monture d'argent ou de doublé et en prenant comme support une base en chêne ou en acajou poli avec quatre pieds en dessous en forme de boules. On peut encore, comme précédemment, les monter par paires sur une tablette et les fixer contre le mur comme ornement. Si elles ne sont pas trop grandes, on peut les disposer en patères et portemanteaux pour le vestibule.

Une corne de bélier forme souvent la poignée d'une canne. A cet effet, lavez la corne avec de l'eau de carbonate forte de manière à enlever toute souillure. Pour la polir, ôtez la partie rugueuse avec du

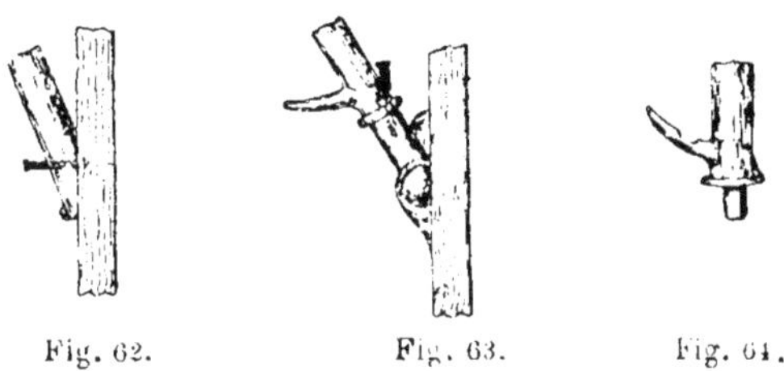

Fig. 62. Fig. 63. Fig. 64.
Manières de monter des bois de cerf.

verre cassé ou un grattoir d'acier, et adoucissez avec du papier de verre très fin. Colorez ensuite avec un paquet de couleur noire, ou en laissant bouillir la corne dans de l'encre jusqu'à ce qu'elle soit assez noire. Pour monter la corne sur une canne, façonnez l'extrémité de celle-ci avec un couteau, une râpe et du gros papier de verre jusqu'à ce qu'elle s'adapte exactement à l'intérieur de la corne. Plongez-la alors dans la teinture ou dans l'encre, et, quand elle est sèche, recouvrez également la partie façonnée avec du ciment de gutta en la tenant à la chaleur d'une flamme et en étendant le ciment sur une faible épaisseur. Chauffez l'intérieur de la corne et amolissez le ciment jusqu'à ce qu'il commence à couler ; insérez alors la canne et maintenez-la jusqu'à ce qu'elle soit refroidie. Une demi-heure après, grattez le ciment inutile. Ramenez la corne et la canne à cet endroit à une forme parfaitement ronde. Une bague d'argent ou d'un autre métal fixée par trois ou quatre clous dissimulera la jonction. Découpez un trou rond de la dimension voulue dans du fer blanc ; coupez ce fer blanc en deux et utilisez l'une des moitiés comme mesure. Enroulez un morceau de carton mince de la largeur convenable autour de la partie arrondie de la canne qui doit être aussi longue que la bague sera large.

Piquez une épingle à l'endroit où les extrémités se rejoignent, déroulez la bande et façonnez-la avec des ciseaux. Découpez ensuite un morceau de laiton, d'argent ou d'un autre métal de la dimension du carton et attachez-le par-dessus le joint au moyen de clous. On peut polir la corne avec du blanc d'Espagne et de l'eau.

Pour polir une paire de cornes de bœuf, enlevez d'abord toute la partie rugueuse avec un rabot courbe ou une râpe, puis un grattoir, un couteau ou le côté d'un ciseau. Puis, passez au papier de verre de différentes grosseurs, de plus en plus fin. Appliquez ensuite de la pierre ponce pulvérisée, et la poudre même de la corne, au moyen d'un chiffon trempé dans l'huile. Mettez de la même manière de la poudre de potée et puis du blanc d'Espagne imbibé de vinaigre. Servez-vous ensuite d'étoffes sèches de plus en plus douces. Finalement, frottez avec la paume de la main. Au cours de ces différentes opérations, il ne faut pas craindre de frotter ferme, et ne pas négliger de bien enlever la poussière, pour éviter les raies. L'emploi d'un tour donnera un résultat plus rapide et plus satisfaisant.

S'il s'agit d'enlever l'os d'une corne de bœuf, placez le tout dans un endroit humide et chaud, — un tas de fumier ferait parfaitement l'affaire. Enfouissez la corne dans le fumier, où vous la laisserez une semaine environ, puis ôtez-la et essayez si les deux parties se détachent. On peut déployer plus de force en fixant la base de la corne dans un étau. Si vous ne pouvez parvenir à les séparer, remettez la corne et l'os dans le fumier pour une autre semaine. Ensuite, lavez bien la corne avec de l'eau contenant de l'acide phénique, afin d'enlever les matières en décomposition et de faire disparaître l'odeur. Une autre manière de retirer l'os d'une corne de bœuf c'est de forer un trou dans l'os et d'y adapter un gros écrou de voiture ou un morceau de fer vissé. Celui-ci, maintenu dans un étau, s'il le faut, donnera de la prise pour tirer. Laissez la corne à l'air pendant quelques jours, ou mettez-la dans une cuve d'eau chaude jusqu'à ce que le noyau osseux se détache. La séparation sera facilitée par des mouvements de torsion et des secousses exercés au moyen du manche qui a été adapté.

Le noyau osseux sortira enfin complètement. Ces procédés sont applicables à de nombreuses espèces de cornes.

Le nettoyage et le polissage des cornes de bélier, lorsque celles-ci sont sales et ont une odeur désagréable, se font après que l'os a été retiré. Faites ensuite bouillir le noyau osseux, et débarrassez-le soigneusement de toute partie charnue ; un badigeonnage à l'acide phénique contribuera également à le préserver de la décomposition. Les cornes elles-mêmes peuvent alors être lavées avec de l'eau chaude et du savon et une brosse dure pour enlever les impuretés, puis on les fait sécher. Les cornes ridées, comme celles des béliers, ne seront pas grattées, à moins que l'on soit doué d'assez de patience pour passer au verre cassé puis au papier de verre fin tous les creux et saillies. Pour donner un aspect brillant, on a l'habitude de les vernir avec de la laque blonde dissoute dans de l'alcool, 15 grammes dans 1 décilitre 1/2, et que l'on applique avec un pinceau en poil très doux. Les

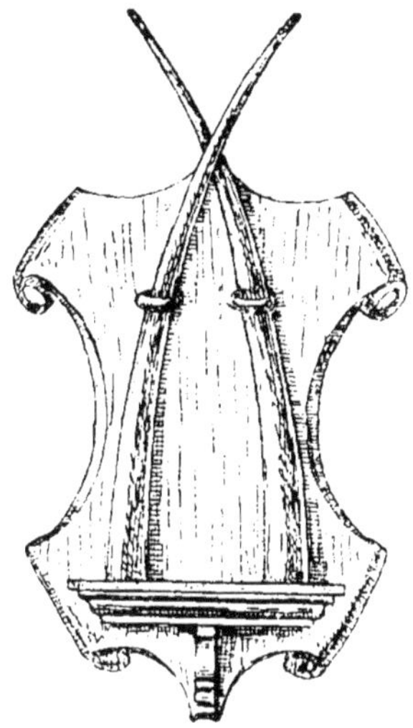

Fig. 65. — Vue de face d'une paire de défenses d'éléphant montée.

cornes peuvent alors être refixées sur les noyaux osseux avec de la colle.

On polit les cornes de buffle en les râpant, en les grattant et les passant au papier de verre; on continue ensuite par des applications de pierre ponce et de tripoli jusqu'à ce que la surface soit unie et bien polie ; il peut être nécessaire de blanchir les cornes si elles ont une couleur jaune; mais il faut procéder au blanchîment ou à la teinture avant de donner le poli final. Pour blanchir, employez une solution faible de chlorure de chaux. Il y a un autre procédé qui est bon, mais très lent : c'est d'exposer les cornes au soleil. Faites des essais par petites doses, en commençant avec environ la moitié d'une cuillerée à thé de chlorure pour 60 grammes d'eau. Avant de teindre les extrémités des cornes, préparez une pâte en faisant bouillir du son dans de l'eau pendant une heure. Passez le liquide au tamis et trempez-y les extrémités pendant une demi-journée au minimum ; puis, séchez bien et touchez le moins possible avec les mains. Pour de la teinture noire, prenez 60 grammes de copeaux de bois de campêche, 15 grammes de couperose, un litre d'eau et un peu de noir de Chine. Faites bouillir le tout ensemble dans un vieux pot de fer. Appliquez à chaud une ou plusieurs couches. Lorsque c'est sec, essuyez avec du vinaigre où a trempé une poignée de clous rouillés ou de limailles de fer pour un demi-litre.

Cette dernière préparation fixe et intensifie la couleur.

Pour monter une paire de cornes de buffle, prenez d'abord un morceau de bois dur, du chêne, de préférence, suffisamment long pour pénétrer d'un décimètre environ dans chacune des cornes et laissant entre elles un espace de 15 centimètres au minimum ; plus les cornes sont longues, plus l'intervalle doit être grand. Préparez le bois avec un rabot, puis une râpe et découpez un cylindre d'un diamètre plus grand que la base des cornes. Façonnez ensuite les extrémités de manière qu'elles s'adaptent aux cornes. Puis, chauffez le tout, bois et cornes, et fixez-les ensemble avec de la colle ou du ciment, et enfin, mettez un long clou à chaque corne (préalablement percée) pour la maintenir au morceau de bois. Recouvrez d'astrakan noir ou d'un morceau de peau d'agneau teinte le bois nu et les jonctions des cornes.

On suspendra le tout au moyen de deux anneaux à vis.

Le taxidermiste a souvent besoin de présenter des squelettes d'animaux ; il y a deux ou trois procédés à cet effet ; aucun d'eux n'est très agréable.

S'il s'agit d'animaux tels que des chevaux et des chiens, ôtez d'abord la peau et les organes internes ; puis, avec le couteau, enlevez la plus grande partie de la chair. Mettez ensuite les os dans de l'eau qui sera souvent changée, jusqu'à ce que la chair soit décomposée, et, alors, arrachez-la ou lavez-la. Bien qu'il soit malpropre, ce procédé est généralement employé. Pendant la macération, les ligaments se détacheront, de sorte qu'il serait bon de relier les os au moyen de fil de cuivre avant d'entreprendre le travail.

Après que les os ont été nettoyés, il faut les réunir d'une façon définitive par des fils de laiton ou de cuivre de dimensions appropriées aux os ; des trous seront percés à cet effet.

Un autre moyen d'obtenir un squelette consiste à faire bouillir les os jusqu'à ce que la chair puisse être détachée avec les doigts et avec des outils non tranchants, des morceaux de bois, etc. Il est plus facile d'effectuer ce travail tandis que la chair est encore chaude. Un autre tour de bouillon achèvera de nettoyer les os ; après quoi, on mettra le crâne dans de l'eau froide propre pendant une ou deux semaines. On peut placer les os sur une fourmilière, ou auprès d'un nid de guêpes ; ou, si l'on habite près d'un étang ou près de la mer, en immergeant le corps, on permettra aux têtards et aux poissons d'enlever rapidement la chair. Pour blanchir les os, lavez-les avec de l'eau et du savon, en vous servant de beaucoup de soude pour les débarrasser des matières grasses. Mettez-les ensuite dans une solution faible de chlorure

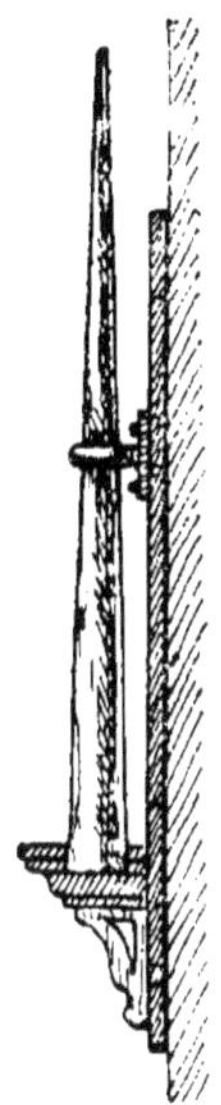

Fig. 66. — Vue de côté d'une défense d'éléphant montée.

de chaux, à 30 grammes pour un demi-litre d'eau, et opérez comme il est dit ci-dessous.

Le procédé le plus simple pour produire un squelette consiste donc à faire bouillir le crâne jusqu'à ce qu'on puisse facilement ôter toute la chair avec des morceaux de bois non pointus ; cependant il vaut mieux, quand on le peut, le cuire à la vapeur. L'autre moyen est très malpropre : on fait macérer le crâne dans l'eau froide, et, lorsque la chair est putréfiée, on le gratte et on le frotte jusqu'à ce qu'il soit propre. Les ostéologistes professionnels emploient des grattoirs spéciaux pour les os, mais un canif suffira pour un seul spécimen. On peut enlever les impuretés en frottant bien avec beaucoup de savon et de soude, et en grattant aussi ; et si, après l'avoir trempé dans la solution de chlorure de chaux, on n'obtient pas un résultat satisfaisant, mouiller le crâne matin et soir et le laisser exposé au soleil et au vent jusqu'à ce qu'il soit blanchi. On doit se souvenir de deux choses ; la moindre particule de chair ou de peau doit être enlevée ; et le grattage commencé doit être terminé, ou il faut remettre le crâne dans l'eau.

Le meilleur moyen de blanchir les os est peut-être d'employer l'eau oxygénée. On place les os dans un pot avec de l'eau et on ajoute de l'eau oxygénée et de l'ammoniaque forte pendant que le pot est chauffé lentement; l'on retire ensuite les os que l'on fait sécher au soleil. Ce procédé est dispendieux. Pour les besoins ordinaires, on peut blanchir les os en les trempant dans de l'acide nitrique dilué ou du chlorure de chaux étendu et en les lavant soigneusement à l'eau aussitôt. Il est nécessaire de faire bouillir quelque temps les os avec de l'eau et de la soude, afin d'enlever la graisse, avant d'entreprendre de les blanchir.

On amollit les os en les mettant dans une marmite avec des cendres et de la chaux. On recouvre d'eau et on fait bouillir aussi longtemps qu'il est utile.

CHAPITRE V

DÉPOUILLEMENT, BOURRAGE ET MOULAGE DES POISSONS

Le dépouillement et le montage des poissons présentent une plus grande difficulté que le dépouillement et le montage des oiseaux ou des mammifères, car, bien que la peau soit assez dure, en beaucoup d'endroits, pour que l'on n'ait que peu de craintes de la déchirer, le risque de déplacer les écailles que l'on ne peut remettre est si grand qu'il faut prendre les plus grandes précautions. Mais si le dépouillement s'opère sans accident, l'ouvrage sera terminé facilement.

Le poisson préférable pour les débuts d'un commençant est une perche de bonne taille, car la peau est résistante et les écailles sont petites et adhèrent fortement.

Avant de commencer à l'ouvrir, placez-la le meilleur côté en dessous, prenez un morceau de gros fil de fer et pliez-le à la forme exacte du poisson. Il est bon de procéder très soigneusement, car cette forme sera plus tard de la plus grande utilité, en offrant un guide précis pour le modelage, et empêchera peut-être la faute la plus ordinaire, qui est de faire le poisson trop long et trop mince.

La figure 67 représente le poisson avant qu'il soit ouvert, et la figure 68 montre la forme en fil de fer, dans laquelle AB et CD correspondent exactement comme taille et comme courbe à ces parties du poisson entre la tête et la queue.

Entre A et C, on donne une forme de coin pour servir de support à la tête, et, au sommet, on forme une boucle E dont l'utilité apparaîtra bientôt. Les deux extrémités libres en B et D sont ensuite recourbées de façon à se croiser en F, à mi-distance entre B et D. Maintenez-les ensemble avec les pinces à bec plat (fig. 7) et tordez-les l'une sur l'autre sur une certaine longueur. Repliez l'une des extrémités et laissez-la dans la position indiquée par la figure 68, en G. Passez l'autre extrémité dans la boucle E, repliez-la en arrière sur elle-même de façon qu'elle corresponde avec l'autre fil de fer G, et faites-lui faire un angle comme en H. Il y a maintenant un profil exact du poisson en fil de fer, avec un support en forme de coin pour la tête, qui est relié à la queue par un fil de fer central, le tout se trouvant dans un même plan, et d'où sortent deux fils de fer à angle droit destinés à soutenir le poisson dans la boîte. L'arrangement du fil

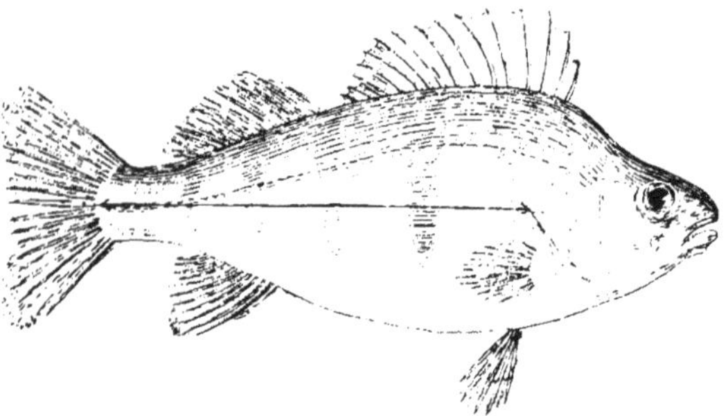

Fig. 67. — Perche prête à être ouverte.

de fer ne demandera pas plus de cinq minutes, même à un débutant. Mettez de côté la forme en fil de fer et commencez à dépouiller. Recouvrez de papier ou de mousseline le meilleur côté du poisson afin de tenir les écailles en place. Le mucus naturel du poisson produira probablement l'adhésion, que, dans le cas contraire, il faudra provoquer avec un peu de glycérine et de l'eau gommée. Enveloppez les nageoires et la queue dans des chiffons et de l'étoupe mouillés, pour les conserver humides, car, s'ils séchaient, ils se fendraient. Le poisson doit alors être ouvert en ligne droite le long du moins bon côté depuis la tête jusqu'à la queue, à mi-distance entre le dos et le ventre. Quelques poissons sont marqués d'une ligne (la ligne latérale) qui servira de guide. Chez la perche, cette ligne est très haut, et courbe.

Commencez par couper l'os qui se trouve sous la plaque des ouïes, avec les ciseaux, puis, soit avec le couteau, soit avec les ciseaux, continuez cette incision jusqu'à la queue ; cette entaille est indiquée dans la figure 67 par une ligne droite. Avec la pointe du couteau, soulevez le bord supérieur de la peau, et maintenez-le avec le pouce et l'index gauches, pendant que le couteau sépare la peau de la chair sur toute la longueur et jusqu'en haut du dos.

Il est bon d'avoir un peu de sable pour y tremper les doigts afin d'éviter que la peau ne glisse. Répétez cette opération sur la partie inférieure.

Il faut prendre beaucoup de précautions lorsqu'on arrive aux nageoires, car, à cet endroit, la peau est très fine. Il est plus prudent d'y laisser un peu de chair et les os un peu longs, parce qu'une déchirure serait très fâcheuse. Dans le voisinage de l'anus, la peau est également très fine ; ne poussez donc pas trop le dépouillement avant de séparer.

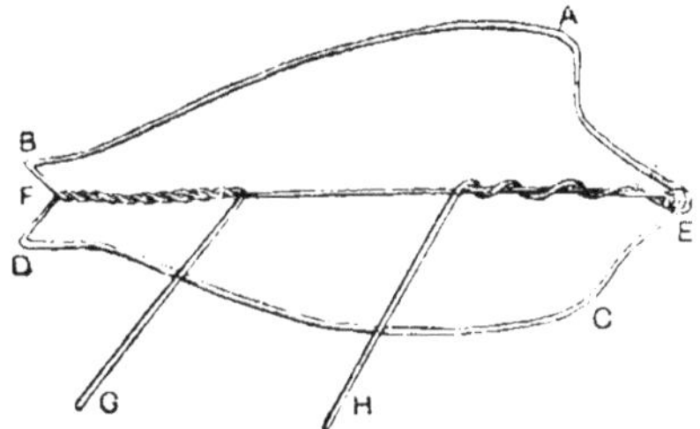

Fig. 68. — Forme de poisson en fil de fer.

Un côté est alors complètement détaché, et, en travaillant avec les doigts seulement, on peut dégager de la chair le côté de dessous, particulièrement le long du dos ; mais ayez soin, en y passant les doigts, de ne pas les déchirer aux extrémités aiguës des os conservés après les nageoires. Faites usage du couteau toutes les fois que cela sera possible, et, aussitôt que les doigts peuvent se rejoindre auprès de la queue, introduisez les ciseaux et tranchez la chair et les os, mais en laissant beaucoup de chair. Le travail devient alors plus facile et avance rapidement, les doigts seuls détachant la peau de la chair le long du dos et d'une partie du côté. Employez les ciseaux lorsque vous atteignez les nageoires. La nageoire pectorale est la plus difficile à préparer. Coupez l'épine dorsale près de la tête, et toute la chair qui peut tenir, et le corps sortira d'un seul morceau. S'il s'agit d'un plus gros poisson, il pourra être bon d'enlever le corps par sections.

La peau est maintenant étendue à plat sur la table, et on verra un peu de chair qui y adhère encore le long du côté inférieur, à la queue, aux nageoires, et près du crâne ; il peut aussi rester un morceau en forme de coin dans l'intervalle de la mâchoire inférieure. Occupez-vous d'abord de la queue et dégagez la peau jusqu'à l'extrémité de l'os. Vous avez alors besoin de beaucoup de patience. Grattez toute la chair et tranchez l'os court. Grattez ensuite soigneusement, et sans couper, la chair qui se trouve près des nageoires et raccourcissez ces os. En supposant tout le reste fait, il y a encore à s'occuper de la tête. Enlevez tout d'abord les ouïes en les détachant en haut et en bas, et en les tirant. Puis, en ouvrant le crâne, sur le côté inférieur, on découvre le cerveau que l'on extrait. Ensuite, en enlevant encore un peu de l'os, on peut arracher les yeux par l'intérieur. Il reste à arranger les joues ; en opérant de l'extérieur par les orbites, on pourra enlever la chair au moyen de la grande alène, du couteau et des doigts, en prenant beaucoup de sable pour avoir de la prise. Le morceau en forme de coin qui se trouve entre les nageoires pectorales et se termine en pointe sous la mâchoire est recouvert d'une peau argentée très mince, et il faut prendre grand soin et éviter de la déchirer. On doit enlever toute la chair. La langue est arrachée plus facilement avec la chair adjacente, à moins que l'on désire la montrer, auquel cas il est nécessaire de tailler de l'extérieur et de couper toute la chair, que l'on remplacera avec du mastic, et de recoudre. Examinez bien le tout, vous souvenant que toute la chair que vous laisserez finira par se racornir.

Les préservatifs dont l'emploi a été recommandé pour les oiseaux et les mammifères sont également propres à la conservation des poissons, mais la matière qui servira au bourrage sera différente. Certaines personnes se servent de son, d'autres de sciure, ou d'un mélange de son et de sciure ; d'autres, enfin, font usage de plâtre sec. Il est difficile de dire ce qui vaut le mieux. L'étoupe employée seule ne réussit pas beaucoup, bien qu'on s'en serve quelquefois. La sciure, mélangée d'acide phénique en poudre, peut être recommandée.

Commencez par remplir la tête avec de l'étoupe et les joues et autres cavités avec du mastic. Mettez ensuite une quantité suffisante de mastic autour de la queue, des nageoires et à l'endroit en forme de coin qui est situé sous la mâchoire. Introduisez la carcasse en fil de fer préparée (fig. 68) et ajustez-la à la forme voulue en la faisant toucher autant que possible à la peau. Mettez ensuite assez de son, de sciure ou de plâtre sec pour remplir la peau à demi environ. Commencez de suite à coudre avec une fine aiguille de gantier. Percez deux petits trous dans l'arcade sourcillière, passez l'aiguille dans l'un et dans l'autre et attachez le fil. Passez ensuite l'aiguille dans un trou percé dans la plaque qui recouvre les ouïes immédiatement au-dessus des précédents et puis dans chacun des côtés de la peau, assez loin des bords pour éviter une déchirure et continuez en descendant jusqu'au fil de fer de support, en ajoutant de la sciure, la pressant bien pour la ramener vers la tête.

Attachez solidement le fil au fil de fer de support, et arrêtez à cet endroit; entreprenez ensuite la queue, en faisant le premier point à l'extrémité et en continuant à coudre jusqu'au second fil de fer de support, en ajoutant de la sciure au fur et à mesure que la couture avance, et en la pressant dans la direction de la queue. Il est bon d'attacher le fil au second fil de fer de support, pour empêcher les points de se relâcher. On tasse plus facilement la sciure avec un morceau de bois ou un crayon. Avant de pousser le travail plus loin, il est bon de s'assurer que la partie intérieure et la queue sont bien bourrées et tassées. Alors, introduisez graduellement de la sciure, en la tassant bien en tous sens, et en continuant la couture sur 2 et 3 centimètres à la fois. Lorsque tout est ferme et bien rempli, terminez la couture. Procurez-vous alors un plateau de bois plus grand que le poisson dans chaque sens; percez deux trous à la même distance l'un de l'autre que les deux fils de fer de support, passez-y les fils de fer et recourbez-les ; le poisson sera ainsi fixé à la planchette.

On remarquera alors que le poisson est trop plat, ce qui est dû à ce que la peau s'est accommodée à la surface plate sur laquelle elle était placée pendant le bourrage. Pour corriger ceci, donnez la forme voulue au moyen de petits coups frappés avec le manche d'un couteau de table ou un morceau de bois.

On peut se servir d'un marteau de cordonnier, mais il faut beaucoup de précaution et d'habitude pour en faire un bon usage, et, entre les mains d'un débutant, il ferait plus de mal que de bien, car les coups seraient presque certainement appliqués avec trop de force. Auparavant, il serait bon de passer sur la peau un linge mouillé pour enlever la sciure et la poussière. Les plaques des ouïes s'ouvrent probablement trop, ce que l'on corrige facilement en plaçant un morceau de bouchon entre l'extrémité de la tête et la planchette, afin de soulever cette partie et de fermer, par suite, les ouïes.

Depuis le commencement du dépouillement jusqu'à ce moment, les nageoires et la queue ont été constamment humectées ; il est temps maintenant de retirer l'étoupe ou les chiffons humides dans lesquels elles étaient enveloppées, et de les mettre en place.

Pour cela, rien ne convient mieux que quelques feuilles de liège très minces. Les nageoires sont étalées et épinglées entre deux morceaux de liège que l'on maintient dans cette position jusqu'à ce que les nageoires soient absolument sèches. Dès que la surface du poisson est sèche, il y a avantage à donner une couche de vernis à l'alcool qui sèche rapidement en vue d'empêcher les écailles de se relever pendant la dessiccation de la peau.

Si la plaque des ouïes n'est pas complètement refermée, il faudra la lier avec du coton s'enroulant autour du poisson et de la planchette. On peut fixer par le même moyen les écailles qui se relèvent.

Il n'y a plus rien à faire jusqu'à ce que le poisson soit tout à fait sec ; à ce moment, on verra qu'il a perdu toute coloration et qu'il a presque l'apparence du cuir.

Il faut restaurer la couleur d'un poisson préparé en y passant des couches de légères couleurs à l'huile (couleurs en tubes pour artistes) qui doivent être soigneusement dégradées, de sorte que l'on ne voie pas les lignes de démarcation. Dans ce but, procurez-vous un poisson semblable à celui qui est préparé et faites-en la copie sur ce dernier. Il est impossible de s'écarter beaucoup de la vérité lorsqu'on prend la Nature elle-même pour guide. Le coloriage d'un poisson séché est une opération délicate qui demande un certain degré de capacité artistique que l'on n'acquiert que par la pratique. On doit se servir de très peu de couleur, qu'il serait bon d'éclaircir avec de la térébenthine et du vernis incolore pour donner l'impression d'humidité. Les couleurs doivent être appliquées de façon à ne laisser ni bandes ni marques tranchées.

S'il s'agit d'un brochet, les parties irisées, en général, sont jaune d'or : le dos et le devant, d'un brun verdâtre foncé s'atténuant sur les côtés en un blanc sale avec une légère teinte de bleu ; des taches ovales vont du blanc au jaune et même au brun ; le ventre est blanc.

D'autres ont le dos d'une couleur or verdâtre, nuancée jusqu'au blanc crème sous le ventre, avec les taches jaunâtres en forme de losange, plutôt pâle sur le dos, puis brillant sur les côtes et pâlissant de nouveau vers le ventre.

Les nageoires sont brunâtres ou jaunâtres avec les bords pourpre foncée, ainsi que les cartilages. A la saison du frai, les couleurs sont beaucoup plus brillantes.

Chez le rouget, l'iris, les lèvres et les nageoires sont rouges (vermillon et carmin), le dos, verdâtre, chez quelques spécimens tirant sur le noir, et les flancs et le ventre argentés. Sur les poissons, il ne faut pas employer la couleur d'argent, qui a une tendance à noircir avec le temps. Dans la pratique, le même effet argenté peut être obtenu par l'emploi de couleurs en tubes.

S'il s'agit d'une truite, les couleurs varient, quelques-unes sont argentées avec des taches minuscules, et d'autres, presque noires avec de grandes taches. Chez d'autres encore, les taches sont d'un noir de jais, tandis que chez certaines, la tache noire est entourée d'un ou de plusieurs anneaux de couleurs toutes différentes.

Chez un sujet, le devant de la tête d'une truite était brun foncé, les joues jaunes avec une teinte verdâtre, la pupille noire avec une bordure rouge ; l'iris argenté avec le bord noir en croissant ; le dos était gris avec une teinte verte, les flancs d'un vert jaunâtre ; les taches du dos étaient noires ; celles des côtés, rougeâtres entourées de bleu ; les nageoires pectorales, d'un joli brun clair ; les nageoires ventrales, rouges ; la nageoire anale était pourpre auprès du corps et tournait au gris jaunâtre vers les bords ; la queue était brun verdâtre foncé ; la grosse nageoire, jaune, bordée de brun ; la nageoire dorsale, grise, avec des taches de pourpre. Les couleurs les plus utiles pour la peinture d'une truite sont : le noir, le blanc, les rouges (rouge pâle, vermillon,

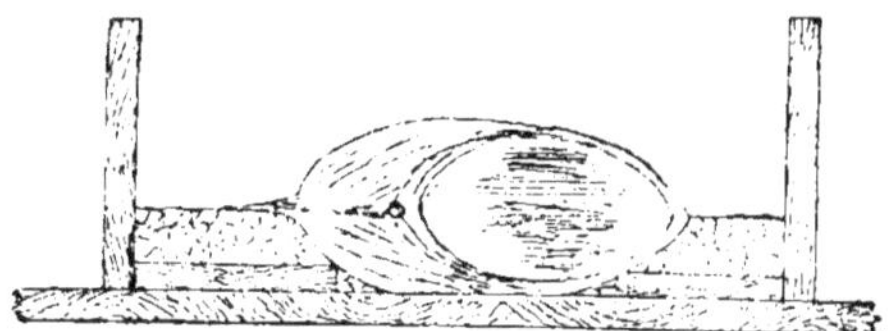

Fig. 69. — Poisson placé dans l'argile.

cramoisi), les jaunes (chrome, ocre), les bleus et les bruns (sépia et vandyck).

Les yeux dont on se sert sont incolores ; il faut tout d'abord les teinter et les dorer.

On les pose ordinairement avec du mastic lorsque le poisson est sec, et immédiatement avant de le colorier, bien que, pour diverses raisons, il vaille mieux les mettre en place dès que le poisson est bourré. Si l'une des nageoires s'est fendue, on peut la réparer avec du papier mince collé sur le dessous de celle-ci, et colorié.

La principale objection que soulève cette manière de bourrer, ainsi que tout autre procédé de bourrage de poissons, est le racornissement de certaines parties de la tête, principalement au-dessus des yeux et autour de la bouche. On peut dissimuler ceci en recouvrant ces endroits avec de la cire chaude et en les coloriant ensuite. On devrait toujours procéder à cette opération, qui est très simple.

Un autre procédé de bourrage est souvent employé : il consiste à former un corps en étoupe ou en papier, bien collé et enroulé avec du coton autour d'un fil de fer central. Le tout doit correspondre aussi exactement que possible, comme taille, au corps naturel. On place ensuite un bourrelet de mastic autour de chaque nageoire, et, parfois, on en met une couche sur toute la peau. Le corps préparé est alors introduit dans la peau, mis exactement en place, puis la peau est cousue.

Une manière plus précise que ces deux autres consiste à former un moule en plâtre d'une moitié du poisson. Dépouillez alors le poisson, mettez la peau exactement en place sur le moule, et bourrez avec de la sciure, du son ou du plâtre, en tassant fortement. En ce cas, la forme ne peut qu'être exacte.

Il est impossible de bien représenter l'eau, et le poisson y nageant; mieux vaut ne pas l'essayer. Laissez donc incolore le verre de la vitrine, teintant simplement la face d'arrière en bleu pâle. Le fond

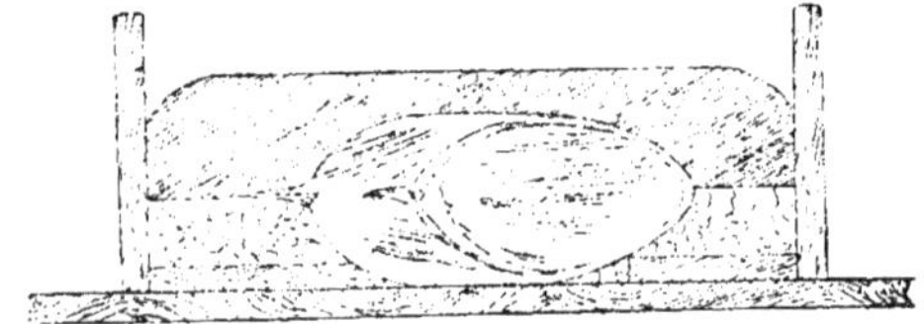

Fig. 70. — Poisson dans l'argile et recouvert de plâtre.

peut être recouvert de sable, verni pour paraître mouillé, et on peut placer quelques cailloux, et des joncs.

Les deux positions les plus naturelles dans lesquelles on peut représenter un poisson sont : 1° posé dans un panier plat rempli en partie de paille, comme si on venait de le déballer; 2° posé sur un banc d'herbe comme s'il venait d'être pris.

Il est fait mention dans le chapitre VIII de deux vitrines très appropriées à la présentation des poissons.

Il peut être utile d'avoir quelques notions de moulage et de modelage de poissons, puisque les moulages de poissons sont plus en faveur en ce moment en raison de l'inévitable contraction des parties molles de la tête des spécimens préparés. Ce racornissement peut être promptement et facilement dissimulé avec de la cire, bien que très peu de taxidermistes aient recours à ce moyen, préférant laisser les lèvres épaisses et proéminentes desséchées et momifiées plutôt que de perfectionner l'ancien procédé.

Enlevez d'abord le mucus ou matière gluante du poisson en le lavant dans de l'acide acétique ou du vinaigre dilué; puis, placez-le dans la position voulue sur un morceau de bois, de papier ou de carton. Prenez quatre morceaux de bois et disposez-les verticalement autour du poisson de façon qu'ils dépassent de trois à cinq centimètres en hauteur la partie la plus élevée du poisson. Procurez-vous quelques petits morceaux de bois, et serrez-les autour du poisson. Mettez ensuite un peu d'argile bien pétrie sur le bois et autour du poisson jusqu'à ce que la moitié inférieure de celui-ci soit complètement masquée (fig. 69). L'argile formera ainsi un support pour les nageoires dorsales et pour la queue ; si celles-ci ne restent pas dans la position voulue, elles peuvent y être fixées au moyen de fines épingles sans tête traversant l'extrémité et enfoncées dans l'argile ; mais il faut couper ces épingles de telle sorte qu'elles ne dépassent pas le dessus des nageoires.

Avec un large couteau plat, comme un couteau de vitrier, aplanissez l'argile, car cette partie, une fois terminée, formera une tablette sur laquelle repose le poisson. Mélangez ensuite le plâtre, qui doit être de la sorte la plus fine, en le projetant dans l'eau et en agitant bien, jus-

Fig. 71. — Coupe de moule à poisson en plâtre.

qu'à ce qu'il ait la consistance de la crème. Humectez suffisamment le poisson et l'argile, puis versez rapidement, mais avec soin, le plâtre sur le poisson. Il faut en avoir préparé assez pour couvrir le tout en une fois. Il y a lieu, ensuite, d'en gâcher davantage pour couvrir le premier lit, de façon que la surface se trouve à trois centimètres environ au-dessus du flanc du poisson. Une demi-heure environ suffira pour rendre le plâtre assez ferme pour qu'il soit possible de renverser l'ensemble et d'ôter le poisson. Il y a alors un moule sur lequel chaque signe et chaque écaille ont laissé leur empreinte. La figure 71 représente une section du moule en plâtre, qui doit être bien huilé ou mouillé, ou être enduit de mousse de savon. On verse dans ce moule du plâtre, gâché comme il a été dit plus haut, et lorsqu'il est bien pris, on frappe à petits coups sur le moule pour le détacher ; on a alors un moulage parfait du poisson reposant sur une plaque de plâtre (fig. 72).

Les plus grands inconvénients des moules en plâtre sont le poids et la fragilité. Pour les éviter, on emploie parfois d'autres substances, dont la plus satisfaisante est le papier sous toutes ses formes. Le procédé le plus facile, et à bien des points de vue le meilleur, consiste à prendre plusieurs feuilles de papier de soie, à les enduire des deux côtés de bonne colle de pâte, à les appliquer sur le moule où on les presse bien à l'aide d'une brosse afin de leur faire épouser la moindre dépression ; on obtient de la sorte une espèce de papier-mâché. On met par-dessus des feuilles un peu plus fortes, en employant en tout de cinq à huit feuilles de papier. Ce modèle sera très léger et plus pratique qu'un en plâtre ; un grand avantage, c'est que le papier prendra facilement la couleur, tandis que le plâtre ne la prend pas sans une préparation spéciale.

Un autre procédé consiste à piler et à mélanger du papier et de la colle de pâte, de la terre de pipe aussi si l'on veut, pour former une masse homogène ressemblant à du mastic. Prenez environ 30 grammes de papier de soie (quatre feuilles), 150 grammes de colle de pâte épaisse, et 30 grammes de terre de pipe. Réduisez le tout en pulpe

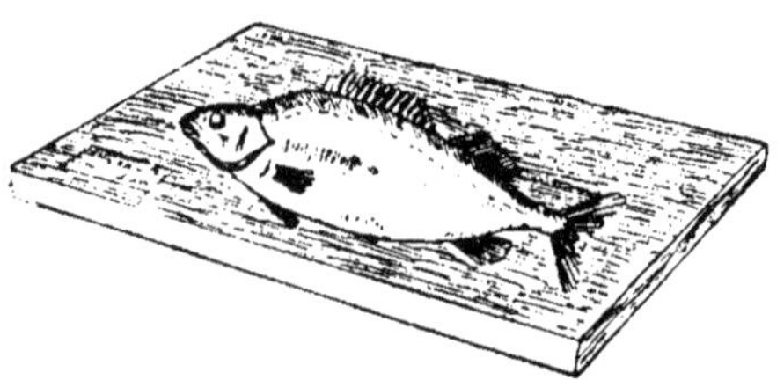

Fig. 72. — Moulage de poisson en plâtre.

dans un mortier de métal. et broyez-le petit à petit, comme la couleur, à l'aide d'un pilon ou d'une spatule, sur une pierre ou sur du verre. On peut ajouter des couleurs en poudre pendant le travail et, par suite, gagner du temps sur le coloriage final. Pour employer ce mélange, huilez le moule, versez-y une couche mince de la composition, et pressez bien avec les doigts pour la faire pénétrer dans tous les détails et dépressions. Puis mettez au-dessus deux épaisseurs de bandes ou de morceaux de mousseline bien enduits de colle pour former un fond au papier mâché et laissez dépasser de deux centimètres les bords de l'étoffe, pour éviter le bouclage. Il faut laisser sécher lentement : huit jours suffiront sans doute. Une fois sec, ce moulage prendra facilement la couleur si on y a appliqué d'abord une couche d'huile bouillie.

Il y a de nombreux moyens de conserver blancs et demi-transparents les squelettes des poissons.

Par exemple, on retire le moins possible de chair crue, puis on fait tremper les os dans l'eau, que l'on change souvent, pendant une huitaine de jours ou jusqu'à ce que le morceau de la chair adhérente puisse être enlevé avec des morceaux de bois pointus.

Suivant un autre procédé, on fait bouillir le tout et on retire le poisson encore chaud, sans se servir pour cela de couteaux. Ce bouillon, s'il est trop prolongé, pourra nuancer quelques-uns des os. On les fait ensuite bouillir de nouveau et on les nettoie, puis on les laisse quelques jours dans l'eau froide, et on les fait finalement sécher au soleil. On les enduit, pour terminer, de vernis incolore.

Si on veut avoir les os demi-transparents, il ne faut pas essayer de les blanchir. La plupart des produits employés pour le blanchiment les rendent blancs et nuageux.

On ne fait pas bouillir les crabes si on veut conserver la couleur naturelle. Lorsqu'ils sont morts, il faut les couper soigneusement aux articulations et enlever toute la chair. Il n'est pas nécessaire de couper les articulations des pattes, car la matière qu'elles contiennent séchera rapidement ; il faut vider complètement les pinces. Le corps du crabe devra être ouvert et le foie sera enlevé. Le thorax, où s'articulent les pattes, sera assez difficile à préparer. Quand toutes les parties seront nettoyées, il faudra les mettre en place à l'aide de colle ou de ciment.

CHAPITRE VI

CONSERVATION, NETTOYAGE ET TEINTURE DES PEAUX

Une branche importante de l'art du taxidermiste est le traitement des peaux pour la confection des couvertures et des tapis, ou, s'il s'agit de peaux de petits animaux, pour en faire des étoles, des manchons, des sacs. Les nombreuses manières de préparer les peaux à ces fins sont absolument distinctes du tannage ordinaire du cuir, bien que, quelquefois, des peaux tannées soient employées pour faire des couvertures.

La mégisserie des peaux, ou préparation du cuir blanc, est exercée dans nombre de pays et sous de nombreuses formes, mais dans toutes les méthodes, il y a trois opérations distinctes : 1° Le nettoyage des peaux; 2° le tannage; 3° le corroyage, ou assouplissement du cuir.

Le nettoyage consiste à enlever la moindre particule de graisse et de chair restant encore sur la peau, et aussi la peau interne qui enferme, pour ainsi dire, la vraie peau; toutefois, cette dernière opération est très souvent faite après le tannage. Pour le commerce, on procède ordinairement de la manière suivante : on place la peau sur une planche et on la rase au moyen d'un couteau très tranchant à deux manches; on trouvera plus loin la description du travail que font ceux qui ne s'occupent qu'accidentellement de ces opérations.

Le tannage consiste à immerger les peaux dans un préservatif liquide, en les pressant avec des barres de bois afin qu'elles soient complètement recouvertes par le liquide. On les y laisse une journée environ, mais la durée exacte de l'immersion dépend de la température et de l'épaisseur de la peau. Si un morceau de la peau se trouve plié et serré, il restera une ligne blanche après que l'action du préservatif aura été complète. Il y a beaucoup de préservatifs. L'un des meilleurs se compose d'une solution de 500 grammes d'alun et de 125 grammes de sel dans quatre litres et demi d'eau chaude. L'action sera plus rapide si la solution est tiède quand on s'en sert.

Les peaux sont ensuite étendues en tous sens et fixées au moyen de clous sur une porte ou sur le plancher. Les mégissiers de profession se servent d'un cadre de bois adapté à la taille de la peau, et dont les quatre côtés portent un certain nombre de trous auxquels s'ajustent des chevilles ; la peau est rapidement étendue au moyen de cordes traversant les bords de la peau et passant sur les chevilles (voir fig. 73).

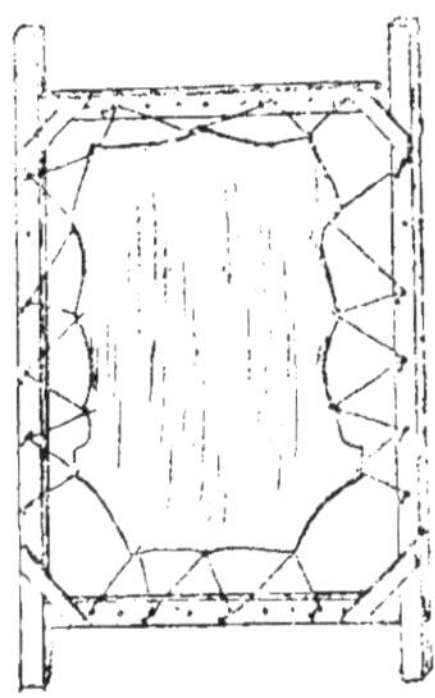

Fig. 73. — Cadre pour étendre les peaux.

La figure 74 indique comment les angles du cadre sont assujettis. Les peaux ainsi étendues sont mises à sécher.

Le corroyage consiste, à proprement parler, à travailler les peaux avec une plaque de fer, mais on peut obtenir le même résultat en grattant la peau pour enlever la peau intérieure qui enferme la véritable peau dans laquelle est fixé le poil.

Un râcloir de plombier (fig. 75) est un outil qui convient très bien, ayant l'un des bords denté (fig. 76) au moyen d'une lime à scie triangulaire ; les dents peuvent être pointues dans la partie arrondie, mais en forme de ciseau sur le côté. Lorsque la peau est tendue et presque sèche, elle doit être grattée dans toutes ses parties pour arracher les morceaux durs et pour ouvrir les fibres ; il faut que ce travail soit bien fait si l'on veut que la peau soit souple. Elle doit être ensuite bien frottée entre les doigts, comme quand on lave le linge. Bien entendu, on l'aura préalablement retirée du cadre ; et si l'on a sous la main une vieille table ou un vieux banc, ou même une boîte, pour jeter la peau dessus, l'outil peut agir avec plus de force le long de la partie qui repose sur le rebord.

Dans la figure 77, on voit un couteau flexible à double tranchant em-

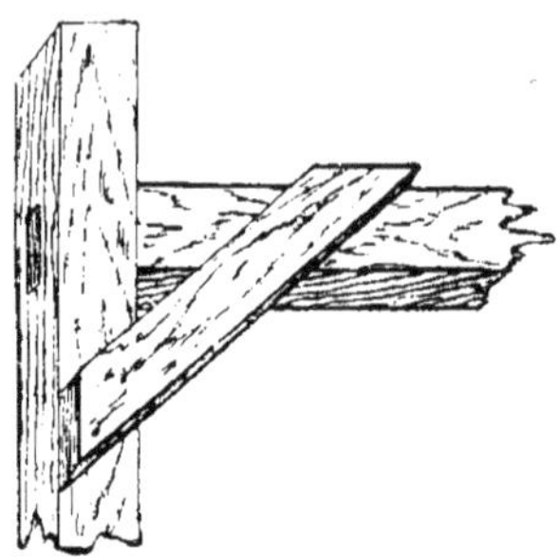

Fig. 74. — Angle de cadre pour étendage de peaux.

ployé par les corroyeurs et les fourreurs pour nettoyer et amincir les peaux. La figure 78 montre un couteau recourbé plus fort qui sert à préparer les peaux. Celui-ci est souvent plus recourbé que sur le dessin, quelquefois même semi-circulaire. La figure 79 représente un aspect d'un « cheval » ou poutre d'un fourreur. C'est un madrier fixé sur des supports en bois, et sur lequel on jette la peau pendant qu'on la tra-

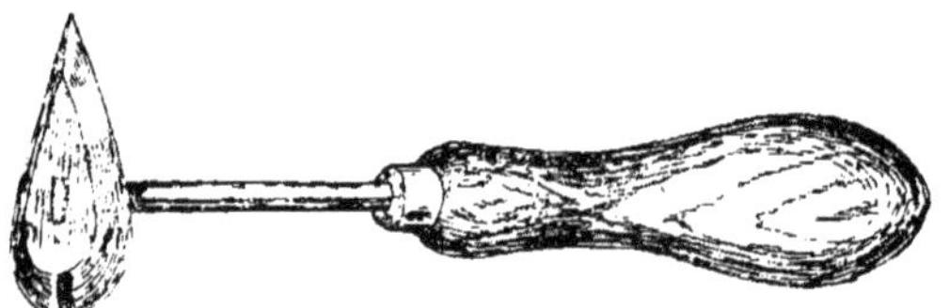

Fig. 75. — Racloir pour la préparation des peaux.

vaille avec les couteaux. Il n'y a qu'un ou deux autres moyens de réduire le cuir des peaux à fourrure. Il est impossible de réduire la substance des peaux avec les machines fendeuses ordinaires dont on se sert pour le cuir, en raison de la présence des poils de la fourrure. Peut-être trouvera-t-on utile un bloc semblable à celui que représente la figure 80 et qui est à la fois facile à faire et bon marché. Prenez un morceau de bois de 5 centimètres d'épaisseur et de 25 centimètres de section. Donnez à la partie supérieure A la forme indiquée par la figure 80, et collez-y une feuille de gros papier de verre C. Il ne doit pas y avoir de points tranchants sur la surface de dessus, car il en résulterait des sillons et des inégalités. Pour réduire la peau à l'épaisseur voulue, tenez fermement le bloc dans un étau au moyen d'une barre transversale B fixée au plateau par trois vis, et travaillez l'envers de la peau sur la surface, en commençant par l'endroit le plus épais. Examinez souvent la partie en œuvre, pour vous rendre compte si certaines places ne sont pas trop réduites ou abîmées d'une façon quelconque. Ce procédé est non seulement sûr et efficace, mais aussi très pratique, en ce qu'il rend, en outre, les peaux très souples et maniables.

Voici quelques-unes des modifications si nombreuses de ces procédés. Si les peaux dont il s'agit sont petites — des peaux de lapin,

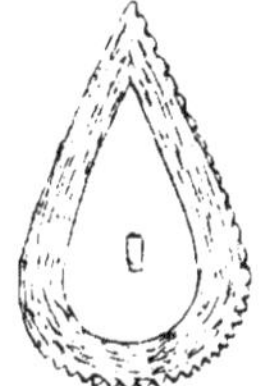

Fig. 76. — Lame dentée de racloir.

par exemple — et fraîches, on peut les étendre sur une planchette et les fixer au bord au moyen d'attaches. On enlève par un grattage toute la chair et la graisse et on frotte bien les peaux avec de l'alcool camphré. On fait une pâte assez épaisse de deux parties de savon jaune et d'une partie de son fin, à laquelle on ajoute un peu de rhum ou d'autres spiritueux. Puis, on étend ce mélange sur la peau, et on frotte pour l'y faire pénétrer au moyen d'un morceau de bois arrondi, ayant la forme d'un couteau. On répète cette opération plusieurs jours de suite, en ajoutant du mélange autant qu'il est nécessaire. La préparation des peaux peut ensuite être achevée au moyen de gruau sec.

Le procédé du colonel Park consiste à étendre les peaux et à les clouer pour sécher; puis, quand elles sont prêtes à être travaillées, à les amincir de la façon habituelle, en les mouillant, au préalable, avec de l'eau.

Mélangez ensuite 200 grammes de sel, 30 grammes d'acide sulfurique et 3 litres et demi d'eau douce en remuant avec un bâton.

La solution devra avoir un goût aigre, et peut avoir une certaine action sur les mains, mais sans les abîmer; on trempera les mains dans l'eau froide s'il le faut pour dissiper la cuisson. Quand les peaux y sont restées une demi-heure, on peut les retirer, les presser, mais sans les tordre, puis les pendre pour les faire sécher à l'ombre.

Un autre procédé applicable aux peaux fraîches consiste à mélanger du son et de l'eau douce en quantité suffisante pour les recouvrir ; on ne devra, toutefois, se servir du mélange que quelques heures après qu'il aura été effectué. Plongez-y ensuite les peaux en les laissant couvertes par le liquide pendant vingt-quatre heures ; puis ôtez-les et

Fig. 77. — Couteau de fourreur à double tranchant.

grattez soigneusement pour faire disparaître toute la chair. Pour 4 à 5 litres d'eau chaude, prenez un demi-kilogramme d'alun et 125 grammes de sel. Quand la dissolution est faite et que la température du liquide est supportable à la main, immergez les peaux et laissez-les pendant vingt-quatre heures ; ensuite, retirez-les, étendez-les et faites

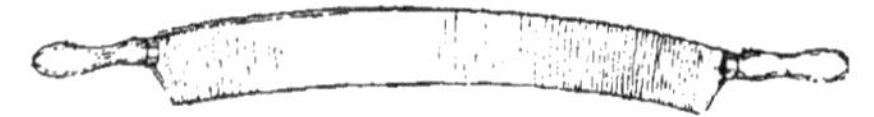

Fig. 78. — Couteau de fourreur à un seul tranchant.

sécher à l'ombre, grattez-les bien avec le couteau et puis, frottez-les fortement à la main. Ajoutez le liquide et plongez de nouveau les peaux pendant vingt-quatre heures. Séchez et frottez à la main comme auparavant, puis mettez-les pour 24 heures dans de l'eau et du son chauds, en agitant de temps à autre. Faites-les sécher à l'ombre, puis lorsqu'elles sont presque sèches, frottez-les jusqu'à ce qu'elles le soient complètement. Ce procédé donne de bons résultats, mais il vaut peut-être autant mélanger le son, l'alun et le sel avec l'eau chaude, évitant ainsi une opération. Sous cette forme, il sera aussi bon pour les peaux sèches que pour les fraîches.

Fig. 79. — Cheval ou poutre de fourreur.

Le procédé des fourreurs consiste à mélanger en pâte de l'alun, du sel, de la farine, du jaune d'œuf et de l'eau, et d'en imprégner la peau ; le restant est enlevé par un grattage, et on la nettoie avec du son ou de la sciure.

Une autre manière de préparer les peaux comporte le nettoyage dans un bain d'alun, de son et de sel, puis dans un autre de savon et de soude destiné à enlever la graisse; pour terminer, on lave soigneusement et on fait sécher.

On peut aussi se servir du préservatif de Browne pour les peaux et procéder au corroyage habituel aussitôt. On connaît la composition de ce préservatif.

Un nouveau procédé, américain, de conservation des peaux de petits animaux, pour leur fourrure, consiste à les laver, débarrassées de la chair et la graisse, avec une forte lessive de cendres de bois jusqu'à ce

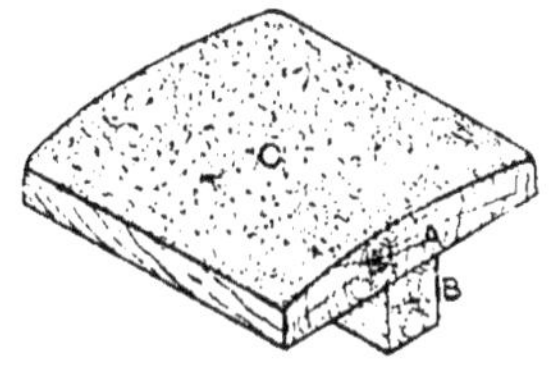

Fig. 80. — Bloc à papier de verre pour frotter les peaux.

que le gras disparaisse, mais sans attendre que la fibre soit mangée. On fait une application d'huile de ricin, puis la peau est assouplie par un frottage sur toute la surface. Par ce moyen, la peau d'un animal de la taille d'un écureuil peut être préparée en dix minutes, une peau de lapin en quinze minutes et la peau d'un veau en trente minutes.

L'huile qui reste dans les peaux doit en être retirée. Certaines peaux sont très grasses, particulièrement celles des chiens ; l'excès de gras peut être enlevé par un lavage dans une solution de potasse ou dans un bain de savon et de soude ; ou bien, on peut les frotter avec une brosse dure dans de l'eau chaude tandis qu'on les saupoudre d'un mélange de deux parties en poids de sels de tartre et d'une partie d'ammoniaque.

Les chasseurs, en expédition au dehors, cherchent parfois à connaître la manière de traiter les peaux des animaux qui viennent d'être dépouillés ; celles-ci doivent être débarrassées de toute la chair, posées sur le sol et frottées fortement avec une pâte, de préservatif de Browne, pour les peaux, et un peu d'eau. Il faut prendre un soin particulier des yeux, du museau et des oreilles, sans cela, à ces endroits, les poils tomberont plus tard. On devra alors plier la peau, et répéter la préparation le lendemain ; cette fois, il faudra la faire sécher au soleil et à l'air. Si c'est possible, il vaut mieux l'étendre sur un cadre avant de passer le préservatif et l'y laisser jusqu'à ce qu'elle soit sèche. A défaut de cadre, on devra la fixer sur le sol au moyen de chevilles.

Elle est alors prête à être empaquetée, à plat autant que possible.

Une peau que l'on veut préparer doit être mouillée et tondue soit avec un couteau de corroyeur soit, au pis-aller, avec un tranchoir ; des corroyeurs se servent alors d'un « cheval » ou poutre, mais le bord d'une table peut le remplacer. Lorsque la peau est presque sèche, on doit la plier, le poil en dedans, et en assurer les bords par quelques points de couture, trois par mètre, par exemple, pour garantir la fourrure. Recouvrez la peau avec du saindoux, 1.500 grammes environ pour une peau de léopard, puis frottez-la bien pour lui faire absorber la graisse. Un professionnel mettrait la peau graissée dans un baquet, et la foulerait avec ses pieds nus, mais il est probable que beaucoup de personnes préféreront se servir d'un battoir de laveuse.

De toute manière, avec les mains, les pieds ou un battoir, il faut faire pénétrer la graisse dans la peau.

Tranchez ensuite les points et, s'il le faut, tondez encore la peau ; après quoi, vous procéderez au nettoyage de la fourrure en la frottant avec de la sciure de bois ne contenant pas de résine ; la sciure d'acajou est la meilleure. Lorsque la peau a été complètement frottée, battez-la avec des cannes, après l'avoir secouée, afin de faire sortir toute la sciure, et de donner ainsi à la peau tout son lustre.

Pour ceux qui demandent « des peaux aussi souples que de la peau de chamois », nous dirons que, jusqu'à présent, on n'a trouvé ni poudre ni solution qui rende les peaux souples et douces sans autre peine. Cette souplesse ne peut s'obtenir qu'en procédant avec beaucoup de patience et de soin au corroyage. C'est en grattant et en frottant constamment pendant la dernière période du séchage que l'on peut rendre les peaux souples et douces, et cette condition est essentielle.

On trouvera ci-après différentes observations relatives au traitement des peaux.

On peut se débarrasser de la graisse qui se trouve dans les peaux, avant de les passer au préservatif, en les mettant dans un mélange de son et d'eau douce où on les laissera couvertes pendant vingt-quatre heures. Ce mélange doit être préparé quelques heures avant d'être employé, car il agit mieux s'il est en fermentation. Si on le préfère, on peut faire un bain avec l'eau, le son, l'alun et le sel, et y placer les peaux, faisant ainsi deux opérations en une seule.

Pour nettoyer une peau de blaireau, dont les poils blancs qui entourent la tête sont d'une couleur terreuse, placez-la sur la table, la fourrure en dessus et préparez une bassine d'eau chaude, du savon, une éponge et une serviette de toilette. Lavez alors la tête, en n'employant que la quantité d'eau nécessaire ; ne laissez pas l'eau venir sur l'envers de la peau. Puis imbibez complètement l'éponge et achevez le séchage avec la serviette.

Toutes les taches qui resteraient encore devraient être enlevées par un blanchîment complet.

Le nettoyage d'une peau de mouton blanche peut être effectué avec du savon et de l'eau. Faites dissoudre 500 grammes de savon dans deux litres d'eau bouillante, de l'eau de pluie, si possible ; mettez la moitié de ce mélange dans une cuve avec quatre litres et demi d'eau de pluie froide, et frottez la peau de mouton avec l'eau de savon tant qu'il sortira des matières impures. Servez-vous ensuite de l'autre quart, dilué de la même manière, pour achever le nettoyage. On facilitera beaucoup le travail en passant la peau dans un cylindre tordeur. Rincez très soigneusement à l'eau de pluie chauffée et passez au cylindre. Séchez au soleil, en exposant l'envers de la peau. Secouez et changez souvent la position dans laquelle celle-ci est pendue, à mesure que le séchage avance. En ajoutant un peu de bleu à la dernière eau de rinçage, on rendra la laine plus blanche.

S'il s'agit d'une peau couvrant une tête de mouton montée, la poussière pourra être enlevée par un énergique brossage ; on lavera ensuite avec une flanelle douce, de l'eau chaude et du savon blanc, en ajoutant un peu de bleu à la dernière eau. Séchez avec une éponge ou une flanelle, puis avec des linges ou des serviettes, et mettez-la au soleil, au vent, ou dans une chambre chaude pour sécher.

Nous donnons ici cinq des nombreux procédés de nettoyage d'une peau de tigre. 1° Mouillez du son avec de l'eau chaude et frottez-en bien la fourrure avec une flanelle propre, pour le faire pénétrer. Pour terminer, frottez du son nouveau et sec dans la peau avec une flanelle sèche. 2° Frottez du blanc d'Espagne humide (non mouillé) dans la fourrure de façon à le faire arriver à la peau même. Laissez le tout jusqu'au lendemain, où le blanc d'Espagne sec devra être enlevé à la brosse et en secouant la peau. Placez celle-ci sur le dos d'une chaise et brossez bien le long de la raie ainsi produite, enlevant en même temps la poussière et le blanc d'Espagne. Pour aviver les couleurs, il faut mettre de la benzoline avec une brosse à habits que l'on doit passer légèrement dans le sens de la fourrure. 3° Faites chauffer dans un four un mélange à parties égales de farine et de sel pulvérisé et frottez-le dans la fourrure tandis qu'il est très chaud. Lorsque le tout a été ainsi traité, secouez et brossez pour enlever le mélange. 4° Pour laver la peau, coupez une barre de savon et faites-la fondre dans neuf litres d'eau bouillante. Placez la peau sur une table et mouillez toute la fourrure avec cette solution. En frottant légèrement avec les mains, vous enlèverez la majeure partie de la souillure. Diluez alors deux litres et demi environ de la solution avec neuf litres d'eau chaude, et continuez le lavage, la peau restant étalée sur la table. Lorsqu'elle est bien propre, enlevez le savon avec beaucoup d'eau claire. Puis, séchez-la à l'aide d'une éponge propre, et, ensuite, de linges secs. De cette façon, on ne mouillera qu'un peu de la peau. Pendez-la ensuite à l'ombre, en la reprenant de temps en temps pour la bien secouer, et raccrochez-la chaque fois par un endroit différent. Il faut frotter entre les mains les endroits qui semblent durcir.

Il se peut que des peaux qui ont été plongées dans l'alun pour empêcher le poil de tomber aient un aspect sale et aient besoin d'être nettoyées. A cet effet, trempez-les bien dans plusieurs bains d'eau chaude pour enlever le plus possible de sel et d'alun. Ensuite, lavez bien les peaux dans plusieurs bains d'eau et de savon. Rincez enfin à l'eau froide, puis dans de l'eau contenant un peu de bleu. Tordez-les ensuite et suspendez-les séparément à l'ombre pour sécher. Durant le séchage, il serait bon de les tirer, de les frotter, de les secouer et de les battre, et de brosser le poil.

Avant de pouvoir teindre les peaux de chèvre, il faut les laver soigneusement à l'eau de savon et ensuite à l'eau claire, pour enlever toute la graisse qui adhère aux poils. Pour une teinture en noir, préparez un bain de mordant en faisant dissoudre 375 grammes de couperose, 60 grammes de sulfate de cuivre et 500 grammes de crème de tartre dans quatre litres et demi d'eau ; faites chauffer presque jusqu'à ébullition, et passez-y la peau qui y restera une heure ou deux, enlevez-la et mettez-la à l'air toute la nuit. Teignez-la ensuite dans un bain très chaud obtenu en faisant bouillir 2 kilos 500 de morceaux de bois de campêche dans quatre litres et demi d'eau ; retirez, lavez à l'eau froide et séchez à l'air libre. Pour une teinture en gris, plongez la peau dans un bain chaud formé par 250 grammes de campêche dans quatre litres et demi d'eau : retirez et passez dans un bain de mordant contenant 60 grammes de couperose ou de bichromate de potasse pour quatre litres et demi d'eau. Pour une teinture en brun, passez la peau dans un bain chaud composé de 500 grammes de cachou dans quatre litres et demi d'eau ; laissez deux heures, retirez et plongez dans un bain chaud contenant 250 grammes de sulfate de cuivre ou de sulfate de fer.

Il serait bon de faire des essais avec de petits morceaux de peaux. Si les coloris ne sont pas adaptés à la peau dont il s'agit, modifier les proportions du bain de teinture.

Dans la teinture en noir des peaux de lapin, le mordant se compose de sulfate de fer (couperose) et d'acétate de plomb ; ces deux corps réagissent l'un sur l'autre et forment un précipité de sulfate de plomb et de l'acétate de fer. C'est ce dernier qui est réellement le mordant dans ce cas. Faites cette solution assez forte, soit 750 grammes de sulfate de fer et 1.500 grammes d'acétate de plomb pour quatre litres et demi d'eau. Pour la teinture, on peut modifier les quantités de campêche, de noix de galle et de curcuma, suivant la nuance du noir que l'on veut obtenir ; essayez d'abord à parties égales, c'est-à-dire 500 grammes de chacune des trois substances pour quatre litres et demi d'eau, et modifiez les proportions dans la mesure voulue. Un peu de sulfate de cuivre (60 grammes environ) ajouté au mordant l'améliore généralement.

Pour empêcher l'envers des peaux de prendre la couleur, brossez simplement le dessus avec les liquides. Passez d'abord le mordant, puis la teinture, et si celle-ci ne prend pas rapidement, repassez le mordant et puis la teinture, et ainsi de suite. Avant de teindre, on doit laver soigneusement le poil avec de l'eau et du savon, afin d'enlever les corps gras ; on peut employer avec avantage de l'ammoniaque pour ce lavage.

Les couleurs d'aniline ordinaires ne paraissent pas bonnes pour la teinture des peaux, car au bout d'un certain temps, elles perdent leur teinte primitive.

On peut faire usage de la méthode de corroyage de peaux du colonel Park pour assouplir complètement les peaux de renard. Mais si celles-ci ont été dépouillées jusqu'aux queues, non coupées, il faut adopter un autre procédé. On peut, pour effectuer le grattage, établir un outil dans le genre du bourroir (fig. 11), mais plus large, dont l'extrémité aplatie serait recourbée à angle droit, le bout aiguisé et denté, les angles enlevés à la lime pour éviter qu'ils ne coupent les peaux. En passant cet outil entre les poils, on peut gratter la peau et les fibres relâchés davantage encore si on les plie et si on les tord.

Pour corroyer une peau de chèvre, travaillez-la à l'envers avec un couteau aiguisé, puis brossez-la bien avec une solution de 1.250 grammes d'alun et 500 grammes de sel ordinaire dans quatre litres et demi d'eau chaude. On doit traiter la peau deux ou trois fois avec cette solution deux ou trois jours consécutifs. Répandez ensuite du son sur toute la surface de la peau, brossez-la, puis clouez-la sur une planchette et faites-la sécher. Comme préservatif contre les insectes,

7

on peut traiter l'envers de la peau, avant de la sécher, avec un mélange d'arsenic et de poivre gris. Toutes les peaux ont une odeur particulière, mais le plus souvent, elle disparaît au cours de la préparation. Si, cependant, l'odeur est encore très forte après cela, suspendez souvent la peau à l'air libre quand il fait du vent. Ce moyen est-il insuffisant, masquez l'odeur persistante en mettant de l'extrait de thym ou de bouleau ou en aspergeant de quelques gouttes d'essence de musc, dont le parfum est persistant. L'odeur particulière du cuir de Russie est due à l'extrait de bouleau.

Pour la fabrication des couvertures, on a plus souvent recours au traitement des peaux par l'alun et le sel, ou mégisserie, qu'au tannage.

Comme on l'a vu plus haut, la peau est placée sur un banc, la chair et les tissus graisseux adhérents sont coupés ou grattés avec un couteau aigu. L'envers de la peau peut aussitôt être traité pendant huit ou quinze jours avec un mélange de son qui, par la fermentation, assouplit le tégument intérieur et permet de l'enlever. Ce procédé peut servir utilement à assouplir la membrane interne des peaux dures, que l'on détache ensuite avec le couteau. Le but de ce traitement est de faire disparaître toutes les matières qui pourraient plus tard se putréfier. Traitez ensuite la peau avec le préservatif dont il a été fait mention dans le paragraphe précédent, en chauffant légèrement une partie de la solution et en frottant bien la peau avec une brosse imbibée de ce produit. Il faut laisser la peau humide pendant quelques jours, puis la fixer avec des attaches, fortement tendue, sur une planche, et enfin la mettre au jour pour sécher. Pour tanner les peaux, les proportions de matières employées sont de peu d'importance. Remplissez à demi une bassine ou un récipient en terre avec des morceaux d'écorce de chêne, et complétez avec de l'eau bouillante ; faites bouillir doucement pendant quelques heures, puis, passez. Mettez la peau dans ce liquide dès qu'il est tiède et laissez-la tremper pendant au moins trois semaines ; ensuite, retirez, secouez fortement, fixez sur une planche, et laissez sécher.

Le temps nécessaire pour le tannage d'une peau dépend de son épaisseur, et de la force de la solution. Avec une forte solution, il faut moins de temps ; mais il n'est pas bon de se servir d'abord d'une solution forte, sans cela, la peau pourra ne se trouver tannée que superficiellement.

Les peaux de lièvre peuvent être préparées de façon à devenir souples et pliables. Comme préservatif, on prend 500 grammes de sel ordinaire et 2 kilogrammes d'alun calciné. Ces produits seront bien pulvérisés et mélangés, et on en frottera la peau, étendue sur une planche dès qu'elle est enlevée de l'animal. Lorsque celle-ci est sèche, on la frotte avec une pierre ponce, ou bien on fait une solution de sel et d'alun dans laquelle on trempe la peau, qui est ensuite séchée et passée à la pierre ponce et soumise à ce traitement jusqu'à ce qu'elle devienne souple. On la frotte ensuite avec du lard, et, quand celui-ci a eu le temps de l'imprégner et de l'assouplir, on enlève la graisse en excès en malaxant avec beaucoup de son. Un autre moyen consiste à clouer la peau fraîchement dépouillée sur une planchette et à la couvrir de saindoux. Laissez-la pendant huit jours, en veillant à ce que toutes les parties susceptibles de se dessécher soient graissées de nouveau immédiatement. Ensuite ôtez la peau de la planchette et lavez-la à l'eau chaude avec du savon pour enlever la graisse de la surface.

Ensuite, laissez-la sécher, en la roulant, en la frottant et en l'étendant pendant ce temps.

Pour des peaux fraîches de chats, de lapins et d'animaux de même taille, nous recommandons la composition suivante : blanc d'Espagne, 1.250 grammes ; savon mou, 500 grammes ; chlorure de chaux, 60 grammes ; teinture de musc, 30 grammes. Faites bouillir ensemble le savon et le blanc d'Espagne dans un demi-litre d'eau, pulvérisez le chlorure de chaux et ajoutez-le en remuant. Lorsque le mélange est presque froid, incorporez le musc, en remuant bien. Après l'application de ce traitement et le séchage, on procède au graissage, au lavage et au frottage pour terminer les peaux.

On peut soumettre une peau de léopard au procédé de tannage décrit plus haut. Si la peau a été salée, elle doit d'abord être débarrassée de tout le sel par une immersion dans de l'eau fréquemment changée. On la traitera ensuite par la mégisserie, c'est-à-dire que l'on en fera du cuir blanc en la nettoyant dans un bain composé de son, d'alun et de sel, en prenant quatre litres et demi d'eau très chaude pour 500 grammes d'alun, 125 grammes de sel et environ deux litres et demi de son. Si cela n'est pas encore fait, il faut couper et gratter l'envers de la peau avec un couteau bien aiguisé. On l'étendra alors complètement sur un cadre et on la laissera sécher à l'ombre. Lorsqu'elle sera presque sèche, enlevez les clous, puis frottez et travaillez la peau avec les mains, en faisant les mêmes mouvements que pour laver des vêtements. Il faut soigner spécialement le grattage et le frottage. Si c'est nécessaire, on peut répéter ces opérations. On imprègne ensuite de lard l'envers de la peau, et on enlève la graisse de la surface avec de la sciure, qui sert aussi à bien frotter la fourrure. Certaines personnes prennent du son pour ce dernier usage. On complètera l'opération en secouant vigoureusement, puis en battant la peau avec une canne. La peau doit être souple comme du chevreau.

Ce travail est très dur, le grattage et le frottage devant être faits soigneusement. Il ne faudrait pas qu'un novice débutât avec une peau de valeur. Pour monter en tapis une peau de léopard, placez-la sur du drap rouge où vous marquerez le contour à la craie. Découpez-le, puis taillez des bandes de même étoffe de dix à quinze centimètres de large. L'un des bords de toutes ces bandes sera ensuite découpé, festonné ou froncé de manière à former une bordure. On place alors la peau sur la forme en étoffe, on plisse ou on fronce la bordure et on coud le tout ensemble. Il serait plus facile de coudre d'abord la bordure à la peau, et ensuite la forme d'étoffe à la bordure.

Voici un autre procédé pour la préparation des peaux de lapin :

Il faut que la peau soit fraîche et débarrassée de toute matière grasse et de la chair par un grattage avec un couteau rond, la peau étant étendue, le poil à l'intérieur, sur une surface arrondie, par exemple, une rampe. Plongez-la ensuite dans la solution de quatre parties d'alun et une partie de sel. Faites le mélange à sec, et ajoutez autant d'eau chaude qu'il en faudra pour dissoudre le tout. Les quantités à employer dépendent de la taille de la peau. Pour voir à quel moment elle a assez trempé, pressez-la pour en faire sortir le liquide. Pliez-la ensuite en deux, la peau nue à l'extérieur, de façon à former un pli ; lorsqu'il se produit une ligne blanche, vous pouvez cesser l'immersion ; elle dure ordinairement quarante-huit heures. Faites de la colle de pâte, et, après avoir rincé la peau, plongez-la pendant une minute dans du son chaud. Lavez-la bien à l'eau froide, et faites-la sécher. Lorsqu'elle est à moitié sèche, étendez-la de nouveau sur une planchette et frottez à la pierre ponce. Les petites peaux, quand elles sont fraîches, peuvent être plongées pendant quelques jours dans une solution de tan. On peut obtenir ce tan en faisant bouillir de l'écorce de chêne ou des noix de galle dans de l'eau de pluie ou de l'eau distillée, ou en faisant dissoudre du tanin dans de l'eau douce. Emplissez un pot avec de l'écorce de chêne, et faites-la bouillir avec une quantité double d'eau pendant trois heures. Employez la solution à froid, retirez et frottez la peau aussi souvent que possible au cours de l'opération.

Les peaux de chats devront être tannées s'il faut que, terminées, elles soient souples

Enlevez toute trace de chair sur la peau, en grattant avec un couteau rond et en ayant soin de ne pas endommager la peau. Séchez bien en frottant avec des serviettes ; puis, avec une brosse à frotter, passez sur l'envers de la peau un peu d'eau très chaude et de savon mou. Mélangez

60 grammes de sel de tartre et 30 grammes d'ammoniaque, tous deux en poudre, et saupoudrez-en la peau, puis frottez bien pour ôter la graisse. Frottez la peau, jusqu'à ce qu'elle soit sèche avec de la sciure nouvelle. Laissez-la une heure ou deux, puis passez-la dans ce mélange : gruau d'avoine moulu, 240 grammes ; sublimé corrosif (poison mortel, qui ne doit venir en contact ni avec une égratignure, ni avec une croûte sur les mains de l'opérateur) 120 grammes ; salpêtre, 60 grammes ; vinaigre, deux litres vingt-cinq. Faites bouillir le vinaigre et versez-y les autres ingrédients, en remuant bien.

Lorsque la composition est toute froide, mettez-y la peau et laissez-la tremper pendant quarante-huit heures ; remuez aussi souvent que possible.

Rincez la peau, tordez-la et étendez-la à sécher sur une planche. Elle sera terminée en une semaine. Une peau raide, pour être assouplie, doit être frottée, après le tannage, avec les mains. On peut diminuer un peu la dureté en se servant auparavant d'un maillet de bois et d'un jonc. Un autre mélange se compose de : alun, 2 kilog. 500 ; sel, 1 kilogramme ; gruau d'avoine, 1 kilogramme ; le tout, finement pulvérisé. Mélangez avec la quantité de petit lait nécessaire pour former une pâte crémeuse. On doit la faire pénétrer dans l'envers de la peau en frottant fortement ce côté seulement, tandis que la peau est étendue sur une table solide. Lorsqu'on ne peut plus imprégner la peau davantage, on doit passer une légère couche du mélange, et la laisser dans un endroit frais jusqu'au lendemain, puis ajouter encore de la composition, en l'appliquant avec les mains. Répétez ce travail le troisième, puis le quatrième jour, et lavez entièrement, tordez et secouez. Lorsqu'elle est à moitié sèche, mettez du nouveau mélange et recommencez encore une fois les opérations des cinq jours. Lavez ensuite à l'eau courante pendant quelques heures, jusqu'à ce que tout le mélange ait disparu.

Faites une solution saturée d'alun, c'est-à-dire faites dissoudre de l'alun dans de l'eau très chaude jusqu'à ce qu'elle n'en puisse dissoudre davantage. Passez cette solution à froid sur la peau, et laissez sécher celle-ci, étendue sur une planche au grand air.

Lorsqu'elle sera sèche, elle sera dure ; il faudra l'assouplir en la battant et en la frottant. Un nettoyage complet à l'eau et au savon, et ensuite, une immersion dans de l'eau où l'on a fait bouillir de l'écorce de chêne suffiront à tanner les petites peaux, ainsi qu'il a été expliqué plus haut.

On peut rendre plus souples les peaux préparées, qui sont toujours plus ou moins dures, en les travaillant de temps à autre avec les mains pendant qu'elles sèchent, ou en les étendant et en les tirant sur un billot de bois. En frottant les peaux mouillées avec du savon ou du jaune d'œuf, on contribuera aussi à les assouplir. L'odeur provenant de la décomposition pourra disparaître si on ajoute au bain un peu de sublimé corrosif, ou si on frotte avec un peu d'arsenic blanc. Ces deux produits sont des poisons. Un peu d'huile parfumée masquera l'odeur.

On peut traiter les peaux de mouton par l'un ou l'autre des nombreux procédés déjà décrits.

Il y en a cependant encore un qui consiste à nettoyer complètement la laine, puis à fixer la peau sur une planchette, l'envers en dessus.

Enlevez par un grattage toute la graisse et les résidus de membranes, puis passez une forte couche d'un mélange de : une partie de carbonate de soude, deux parties de savon arsenical, et trois parties d'alun en poudre. Laissez environ huit jours, au bout desquels vous secouerez tout l'excédent de poudre (qui pourra d'ailleurs encore servir), et la peau sera prête à être doublée. Si c'est pour un tapis, une bordure découpée de serge rouge conviendra particulièrement. On a vu plus haut la manière de la monter.

La première chose à faire pour blanchir une peau de mouton est de nettoyer la laine avec de l'eau et du savon. Tandis que la peau est fraîche, lavez-la soigneusement dans un bain de savon composé d'une barre dissoute dans 9 litres d'eau bouillante, que l'on emploie tiède. L'eau chaude détériore la laine, de même que l'eau froide.

Lavez bien la laine dans un litre de ce liquide étendu de 5 litres d'eau chaude et additionné d'une cuillerée à bouche de pétrole. On peut nettoyer d'abord spécialement les endroits les plus sales avec la solution pure. Après le lavage, rincez avec soin à l'eau tiède. Séchez en pressant et en secouant. Ne mettez pas la peau au grand soleil. Faites dissoudre 250 grammes de sel et 250 grammes d'alun dans un litre et demi d'eau bouillante et ajoutez assez d'eau froide pour que le liquide couvre la peau placée dans un récipient peu profond. Laissez-la tremper douze heures. Retirez-la, rincez-la bien à l'eau tiède et pressez-la pour la sécher, au cylindre, si possible. Ensuite, frottez l'envers avec un mélange par moitié d'alun et de salpêtre ; il suffit de 30 à 60 grammes de chaque produit pour une peau, selon la taille. Frottez ainsi pendant une heure ou deux. Pliez la peau en deux, les parties salées l'une contre l'autre, et mettez-la de côté pendant trois jours, en l'ouvrant et la frottant bien tous les jours. Au bout des trois jours, grattez-la avec un couteau rond, frottez-la à la pierre ponce et arrangez les bords. Pour blanchir réellement la laine, une autre opération est nécessaire. Procurez-vous une grande boîte sans fentes ni trous et dont un côté sera assez grand pour que la peau puisse y être étendue. Fixez la peau sur l'intérieur de ce côté, l'envers contre le bois. La peau doit être solidement attachée et ne pendre de nulle part. Ayez soin que le couvercle de la boîte s'ajuste exactement. Mettez 250 grammes de soufre dans une assiette de fer que vous placerez au fond de la boîte ; faites rougir un clou et laissez-le tomber sur le soufre. Mettez le couvercle et chargez-le. Il ne faudrait pas que la boîte laisse échapper les vapeurs qui se dégagent ; mais comme il en sortira cependant, opérez en plein air. En six ou huit heures, l'acide sulfureux produit aura blanchi la laine. Suspendez alors la peau à l'air pour la débarrasser de l'odeur.

On peut peigner la laine avec un peigne ordinaire ou avec un instrument spécial.

On peut repasser au préalable avec un fer chaud les peaux auxquelles plusieurs pliages ont fait prendre des faux plis ; il faut procéder rapidement, afin que la chaleur ne détériore pas la peau.

Pour détacher la laine de la peau sans endommager ni l'une ni l'autre, on les place en tas dans un endroit chaud jusqu'à ce qu'une odeur ammoniacale indique que la putréfaction a commencé. Placez alors la peau sur une poutre de fourreur et enlevez les poils avec un couteau à double manche, non aiguisé. Suivant un autre procédé, on tond la peau tout d'abord, puis on la trempe bien dans de l'eau de chaux ; on la met ensuite sur la poutre, où, avec le couteau, on la nettoie complètement.

Il y a un procédé employé souvent dans le commerce de la pelleterie, et que voici : on bat d'abord les peaux de mouton sur un billot de bois avec un maillet pour désagréger le sang coagulé à la gorge ; on les jette ensuite dans l'eau pour enlever la poussière et le sang de la laine ; on les suspend pour faire égoutter l'eau, on les passe au lait de chaux sur l'envers et on les plie dans le sens du dos de façon à réunir les ventres ; on les laisse ainsi une heure ou deux pour que la chaux prenne légèrement. On les suspend ensuite par la nuque à des crochets placés dans des chambres ou dans des hangars spacieux, sombres et clos ; au bout de deux jours environ, en été, la laine se détache très facilement. Il est inutile de chauffer les hangars en hiver.

Dans d'autres cas, on procède comme il suit : on met les peaux à la rivière, ou on les trempe dans un puits pour humecter l'envers, tandis que la laine reste absolument sèche. On les met alors en tas l'une sur l'autre, la laine en dessus, et on met de la chaux assez épaisse avec un morceau d'étoffe. On reprend les peaux et on les étale sur le sol, en tas de huit ou dix. Elles restent ainsi pendant deux jours, et ensuite on les lave complètement, soit à la rivière, soit en tout autre endroit approprié. Puis, on les plie ventre sur ventre, et on les étend pour sécher la nuit. En hiver, on les place dans une chambre chauffée à cet effet. Lorsqu'elles sont sèches, on arrache la laine avec les mains, et on la classe en quatre ou cinq qualités différentes. On met les peaux dans l'eau de chaux jusqu'au moment de les vendre au tanneur. Les peaux qui ont été tondues sont mises dans une fosse peu profonde, après avoir été passées à la chaux, pendant deux ou trois jours, et recouvertes d'eau. On les soumet ensuite aux différentes opérations des peaux à longue laine jusqu'à ce qu'elles soient prêtes pour le détachage de la laine et de la peau, ce que l'on fait avec un couteau non aiguisé, à deux manches à chaque extrémité.

Les peaux de mouton sont souvent teintes, mais avant de prendre une teinture quelconque, elles doivent être trempées dans une dissolution de carbonate d'ammoniaque, puis bien lavées dans une solution de savon mou et de soude (soit 500 grammes de soude pour 4 litres et demi d'eau) pour être débarrassées de la saleté et de la graisse. Elles sont alors prêtes pour la teinture. Les couleurs d'aniline sont les moins chères, mais elles sont peu solides, et, ont besoin d'être fixées par un produit, *ad hoc*. L'acide acétique et le vinaigre conviennent à cet effet pour les verts et les bleus. S'il s'agit de rouge, préparez une solution bouillante de : une partie de sumac, cinq parties d'alun, deux parties et demie de tartre, où vous mettrez la laine. Puis mettez ensuite celle-ci dans la teinture. On peut se servir pour le bleu du sulfate d'indigo (250 grammes pour 4 litres et demi d'eau) ; si la nuance doit être plus foncée, mettez 1 kilo d'indigo.

L'orange et un peu de brun acide donnent un brun doré ; on peut obtenir un vert bronze en mélangeant du vert et du brun acide. Le bleu alcalin peut être employé pour les bleus, l'acide picrique pour le jaune pâle, etc. Pour le noir, faites bouillir 700 grammes de couperose, 60 grammes de sulfate de cuivre et 500 grammes de crème de tartre dans 4 litres et demi d'eau. Ceci est le bain du fixage. La teinture se fait en mettant bouillir 2 kilos 500 grammes de campêche dans 4 litres et demi d'eau. Pour une teinture grise, faites bouillir 250 grammes de campêche dans 4 litres et demi d'eau ; pour le fixateur, 60 grammes de couperose dans 4 litres et demi d'eau. Pour faire une teinture brune, 500 grammes de cachou dans cette même quantité d'eau ; et pour le fixateur, 250 grammes de sulfate de cuivre dans 4 litres et demi d'eau. Toutes ces proportions peuvent être modifiées suivant la nuance que l'on désire obtenir. Après que les peaux ont été préparées et assouplies, on doit les mettre dans la teinture (température de 48 à 60°), la laine en bas, et les y laisser une heure ou deux. Il faut ensuite les laver à l'eau froide et les pendre pour sécher jusqu'au lendemain. On les passe ensuite dans le fixateur bouillant, où elles restent une heure ou deux. On les lave de nouveau à l'eau froide, et les accroche pour les faire sécher. Comme il n'est nécessaire que d'immerger la laine, dans ces solutions, il est bon de placer quelques perches sur les rebords de la cuve pour empêcher les peaux de s'enfoncer. Ayez soin que les bains soient très chauds quand vous vous en servez, et, pendant que les peaux sèchent, secouez-les fréquemment et frottez-les pour les empêcher de durcir. Renouvelez l'opération si le coloris n'est pas assez intense. Essayez tout d'abord le bain sur un petit morceau de la peau.

Les tapis en peaux de mouton qui sont durs et qui font du bruit lorsqu'on marche dessus pourront être assouplis, si on les amincit et si on y met de la graisse. Si la peau est très épaisse, il faut la réduire en la grattant avec une râpe arrondie, lorsqu'elle est étendue et clouée sur une table solide. Quand toutes les aspérités ont été nivelées, frottez très fort toute la surface de la peau avec du lard frais ou de la vaseline jusqu'à ce que la souplesse nécessaire soit obtenue. On peut répéter plusieurs fois cette opération pendant quelques jours.

Lorsque la peau est bien souple, il faut la bien frotter, plusieurs jours, avec de la sciure non résineuse, ou avec du son, pour enlever toute la graisse qui sort à la surface. Il faut, enfin, frotter vigoureusement avec de la terre de pipe la peau étendue de nouveau et regarder si la graisse n'a pas amené de décoloration. Enlevez en battant et en grattant la terre de pipe colorée, et remettez-en une quantité de nouvelle jusqu'à ce que, pendant vingt-quatre heures, il n'apparaisse aucune trace de graisse. Brossez alors et nettoyez le côté du poil avec une étoffe de coton trempée dans le pétrole et séchée par une torsion.

Frottez fortement la laine, puis rincez au pétrole, répétant l'opération autant de fois qu'il est nécessaire. On peut également nettoyer une peau de mouton avec de l'eau et du savon (voir plus haut).

Les peaux de serpent sont assouplies après avoir trempé dans l'eau pendant une nuit; elles devront être alors assez souples pour se dérouler. Il faut faire durer l'immersion assez longtemps pour que les peaux s'ouvrent sans difficulté, mais il ne faut pas la prolonger davantage. Si l'eau employée est chaude, une heure environ peut suffire.

Au cours de la préparation d'une peau de loutre, comme les longs poils ont leur racine dans les parties les plus profondes de la peau, il est d'usage, chez les fourreurs, de nettoyer la peau, puis de l'amincir et de la corroyer, ce qui tranche les plus longues racines des poils rudes;

en brossant fortement, on fait ensuite partir la plupart de ceux qui sont détachés. Tout ce qui en reste doit être enlevé à la main. Si la peau était trop amincie, les racines plus courtes seraient aussi tranchées, et la fourrure serait endommagée.

On traite quelquefois aussi des bandes de peau de rhinocéros avec lesquelles on fait des cannes. On doit tout d'abord les redresser en les humectant et en les suspendant à un clou, avec un poids à l'extrémité inférieure ; puis, quand elles sont bien sèches, on les travaille avec le couteau, la râpe, la lime et l'émeri pour les rendre unies autant qu'il est possible. Vernissez-les ensuite, en laissant pénétrer le liquide. Lorsqu'on a obtenu un beau poli et adapté un bout, le travail est terminé. La peau a une demi-transparence, teintée par le poli et rompue par de grandes taches foncées, ou même noires. Les préservatifs ordinaires remplacent cette demi-transparence par un aspect opaque et blanchâtre qui rappelle le bois, et nuisent à l'élasticité.

CHAPITRE VII

CONSERVATION DES INSECTES ET DES ŒUFS D'OISEAUX

Le collectionneurs de papillons et d'insectes placent généralement leurs nouvelles prises dans des enveloppes et les fixent chez eux. La manière habituelle de tuer un insecte consiste à le serrer au-dessous des ailes entre le pouce et l'index, en maintenant les ailes l'une contre l'autre pour empêcher le plus joli côté d'être endommagé par le frottement. On plie donc un petit carré de papier, comme l'indiquent les lignes pointillées de la figure 81. En repliant 1 sur 2 et 3 sur 1, on forme une enveloppe triangulaire, dans laquelle on met l'insecte; que l'on replie 4 sur 3 et l'insecte se trouvera dans la position représentée par la figure 82. Au lieu de pincer les insectes, on peut les tuer dans une bouteille spéciale que l'on obtient en versant dans un bocal à large goulot de la contenance de 120 grammes, bouché, 20 grammes de cyanure de potassium, et en le recouvrant de plâtre mouillé. Secouez la bouteille pendant que le plâtre prend, de manière à lui donner une surface unie ; puis, quand il est bien pris, couvrez-le avec un morceau de papier buvard, pour absorber l'humidité et garantir l'insecte du contact avec le plâtre mouillé. Il y a lieu de renouveler ce papier buvard de temps à autre. Le cyanure est un poison mortel; de sorte qu'il faut s'en servir avec prudence et laisser la bouteille bouchée. Mettez l'insecte dans la bouteille, bouchez-la, et laissez-y l'animal de dix à quinze minutes. Quelques gouttes de forte liqueur d'ammoniaque, mises sur un morceau de coton brut dans une bouteille, joueront le même rôle. On peut aussi mettre dans la bouteille des feuilles de laurier froissées, ainsi que de l'acide prussique. Quelques gouttes de chloroforme que l'on aura versées sur du papier buvard au fond d'une bouteille stupéfieront également les insectes et les tueront.

Dès qu'un insecte est mort, retirez-le de la bouteille en le prenant par le milieu du corps, c'est-à-dire à l'endroit où s'articulent les pattes, et en vous servant de pinces fines, et non des doigts.

Touchez l'insecte le moins possible et prenez-le toujours par le thorax. Les ailes et les autres parties du corps sont recouvertes d'écailles minuscules qui se froissent, s'arrachent et se détériorent au moindre contact. L'insecte mort raidit et se dessèche rapidement, par consé-

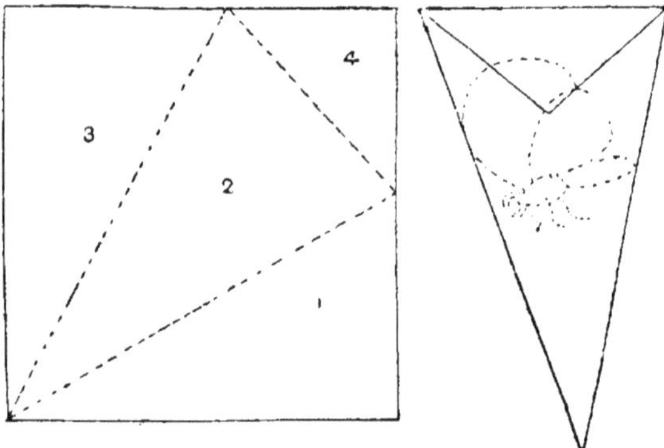

Fig. 81-82. — Enveloppe à insectes.

quent, ayez tout prêt un étaloir, où vous le fixerez en position pendant qu'il sèchera. Il est d'usage courant de laisser les insectes morts sécher sans être fixés de façon qu'ils puissent être ramollis et fixés dûment à loisir. Les insectes secs sont facilement ramollis, et on peut ensuite les préparer sur l'étaloir tout comme s'ils venaient d'être tués.

Un procédé simple, mais risqué, pour ramollir les insectes consiste à les mettre sur un morceau de carton que l'on place sur le sol d'une cave humide, en le recouvrant, naturellement, pour éviter la poussière. On peut ainsi écarter graduellement les ailes lorsque le spécimen est d'une bonne taille.

Une meilleure préparation consiste à mettre les insectes dans une boite en fer blanc, au fond de laquelle se trouve une mince couche de sable mouillé. Au bout d'une journée, à peu près, il sera facile de les mettre sur un étaloir ordinaire et d'y maintenir les ailes au moyen de bandes de papier piquées avec des épingles. Le sable du ramollissoir ne doit pas être trop mouillé, car les spécimens seraient détériorés.

Des ramollissoirs spéciaux se trouvent dans le commerce, chez les marchands d'instruments d'histoire naturelle.

On fait un étaloir pour insectes en collant deux bandes de liège mou et uni, ayant chacune 22 centimètres sur 2 centimètres et demi, et une épaisseur d'un demi-centimètre environ sur un morceau de bois de 22 centimètres et demi sur 7 centimètres, portant au centre une rainure longitudinale. Les deux bandes de liège sont clouées au bois en ménageant entre elles un espace de 6 millimètres sur la longueur ; le liège est légèrement taillé en biseau vers le rebord extérieur (voir figure 83).

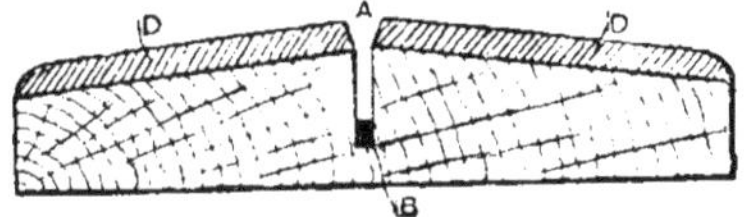

Fig. 83. — Coupe d'étaloir.

Les étaloirs employés sur le continent sont absolument plats, mais les naturalistes considèrent souvent comme endommagés les insectes étalés à plat. Bien entendu, plus l'insecte sera gros, plus l'étaloir devra être grand. Le corps de l'insecte se trouve dans la rainure de 6 millimètres, tandis que les ailes sont étendues de chaque côté au-dessus du liège. Le long du fond de la rainure centrale, collez une bande de liège. Après avoir placé l'insecte mort dans la rainure, on le perce avec une épingle à travers le milieu du thorax pour le piquer sur le liège; la hauteur doit être combinée de façon que l'aile arrive juste au-dessus du bord du liège de chaque côté ; il faut garnir certains endroits pour atteindre ce but.

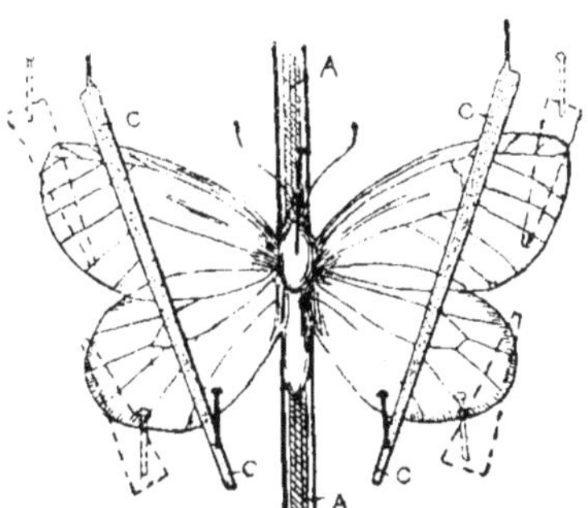

Fig. 84. — Papillon sur l'étaloir.

Les bandes qui servent à maintenir les ailes des insectes sur les étaloirs sont en carton mince découpé en bandes de 4 centimètres environ de longueur, ou davantage si les insectes sont grands; l'extrémité la plus large a 3 millimètres de largeur. La véritable manière d'étaler un papillon est la suivante : Prenez un insecte, piquez-le au milieu du thorax par une épingle de grosseur proportionnée en ayant soin de ne pas froisser les pattes. Choisissez ensuite un étaloir (dont la figure 83 représente la coupe) ayant une rainure A assez large pour le corps et des côtés suffisamment larges pour supporter les ailes; puis, plaçant le corps dans la rainure, faites pénétrer l'épingle dans le liège B qui est au fond. Les ailes sont actuellement relevées l'une contre l'autre. Prenez une des bandes de carton C (voir figure 84), placez-la entre les ailes et tirez doucement l'une des ailes vers l'étaloir. Lorsqu'elle est presque abaissée, attachez-la dans cette position avec des épingles piquées dans les extrémités de la bande, sur le liège de l'étaloir, D, figure 83.

L'épingle qui traverse le thorax peut être un aiguille longue et fine fixée à un manche léger en bois de deux centimètres et demi de longueur environ, ou mieux, une épingle à insectes longue et fine avec une petite tête, spéciale pour cet usage. Si l'on peut étaler les ailes avec une paire de longues plumes d'oiseau, tout sera pour le mieux. Le contact des doigts, des pinces et d'autres instruments détériore les ailes. Puis avec une fine aiguille, en opérant par-dessous l'aile, amenez doucement l'aile supérieure vers le corps. Après les avoir étalées toutes les deux dans de bonnes conditions, enfoncez fortement les épingles dans la bande et dans le liège D, de façon à mettre l'aile en contact avec l'étaloir. Traitez les deux ailes de la même manière en veillant à ce qu'elles forment des angles égaux de chaque côté. Il suffira d'une ou peut-être de deux bandes pour chacune des ailes. On peut abaisser les antennes et les fixer rien qu'avec des épingles. Celles-ci sont très fragiles ; si on les brise, il faut les fixer avec du ciment. La figure 84 montre la manière d'attacher les papillons avec des bandes. Les lignes pointillées représentent les plus petites bandes, qui peuvent, soit s'ajouter aux plus grandes, soit les remplacer. Mettez l'insecte étalé de côté pendant une huitaine de jours, enlevez les bandes et piquez l'insecte dans une boîte.

On peut conserver les chenilles par le procédé suivant : Pressez le corps avec les doigts pour en faire sortir le contenu, en allant de la tête à la queue, et en tirant la masse avec une aiguille à crochet. Il faut procéder avec précaution. Placez alors l'extrémité d'un chalumeau fin dans l'orifice du côté opposé à la tête, soufflez la peau vide et maintenez-la distendue jusqu'à ce qu'elle soit sèche. Il faut hâter ce séchage par des moyens artificiels. Certaines personnes se servent d'un bocal de verre placé au-dessus d'une lampe à alcool, et où elles placent la peau pendant qu'elles la soufflent ; mais on peut employer aussi un fourneau à repasser. Ne distendez pas la peau d'une façon exagérée, et ne la mettez pas en contact avec une paroi chaude, de peur de la brûler.

En ce qui concerne les coléoptères, il est bon de les tuer tout aussitôt qu'ils sont pris, car certains spécimens risquent fort d'être endommagés par une longue captivité. Si, toutefois, on est obligé de les garder vivants jusqu'au moment de rentrer, il faut les conserver séparément. Si on les met ensemble dans un même réceptacle, non seulement ils s'abîment l'un l'autre dans leurs efforts pour fuir, mais les carnivores dévorent les autres.

Pour étaler un scarabée, piquez-le avec une épingle à insectes à travers l'élytre droit en élevant le corps suffisamment pour pouvoir disposer les pattes. On pique d'abord le coléoptère sur un morceau de liège plat, et l'on arrange les pattes, chacune des jointures étant maintenue dans sa position au moyen d'épingles ordinaires. On se sert également d'épingles pour développer les antennes, puis on laisse sécher le spécimen pendant quelques jours. Lorsqu'il est sec, on retire les épingles ordinaires et on le transporte dans le tiroir de la collection où on le pique sur une carte portant son nom vulgaire et son nom scientifique. On peut aussi préparer les coléoptères avec de la gomme. Sur un morceau de carton, mettez un peu de gomme aux endroits ou les pattes y reposeront. Piquez le coléoptère au-dessus de la carte, tirez chacune des pattes dans la position qu'elle doit prendre, et maintenez jusqu'à ce que la gomme ait pris. Mettez ensuite de côté le spécimen pour qu'il sèche, puis détachez-le du carton en trempant celui-ci dans l'eau chaude, gommez ensuite légèrement l'extrémité inférieure des pattes, et placez-le sur une nouvelle carte portant le nom, la date, la localité, etc. On peut de même préparer les coléoptères au moyen d'attaches en carton ou d'épingles, on le laisse sécher, et on le classe dans le meuble, le nom et les renseignements figurant sur une carte séparée.

Le premier procédé décrit ci-dessus, pour la préparation des coléoptères, est celui que l'on doit adopter de préférence.

La préparation des insectes ayant été traitée avec des développements suffisants, nous pouvons aborder la conservation des coquilles d'œufs.

Pour vider les œufs sans faire plus d'un trou, il faut deux outils : un foret et un chalumeau. Les naturalistes vendent un perforateur dont la pointe a une forme particulière comme une mèche de « fraise »; on peut le remplacer facilement en faisant à la lime une pointe à section carrée à un morceau de fil d'acier. On peut prendre du fil rond, pourvu que les arêtes de la pointe restent tranchantes; le meilleur, toutefois, est le fil de fer à pignon dont se servent les horlogers. Celui-ci doit être limé en forme de pointe, puis les cannelures sont relevées avec une lime triangulaire.

L'autre outil est un chalumeau que l'on peut faire avec un morceau de tube en verre; l'une des extrémités sera chauffée et étirée en pointe. On peut acheter ces chalumeaux tout faits au prix de 25 centimes, ou de meilleurs en métal, plus fins, pour 60 centimes. Pour s'en servir, il faut tenir l'œuf dans la main gauche et le foret ou le vide-coquille dans la droite. Ensuite, en plaçant l'outil sur l'œuf, juste au milieu du côté, et en le faisant tourner par une sorte de mouvement circulaire entre le pouce et l'index, on obtient un trou absolument rond.

Pour vider un œuf, placez le bout le plus fin du chalumeau auprès du trou (certains disent dans le trou) et soufflez. Le contenu de l'œuf sera bientôt projeté au dehors par l'air.

Lorsque tout est vide, rincez bien la coquille avec de l'eau contenant quelques gouttes d'extrait de girofle, pour empêcher la putréfaction. Placez alors la coquille, le trou en bas, sur un morceau de papier buvard, qui absorbera rapidement toute l'humidité qui resterait à l'intérieur. Quand tout est sec, couvrez le trou avec un petit morceau de papier gommé, pour empêcher la poussière de pénétrer. La coquille est prête pour la collection.

Pour empêcher les œufs d'oiseaux de craquer ou de s'émietter quand ils sont vidés, rincez-les bien avec du sublimé corrosif dissous dans de l'esprit de vin. Introduisez dans l'œuf une petite quantité de la dissolution avec le chalumeau à bulbe, puis secouez l'œuf pour qu'elle sorte par le chalumeau, et remettez-la dans le flacon. Placez ensuite l'œuf, le trou posé sur du papier buvard pour absorber les dernières gouttes, et enfin couvrez le trou avec un petit morceau de papier gommé. Si on veut, on peut se servir d'eau contenant quelques gouttes d'extrait de girofle, au lieu du sublimé.

Les meubles dans lesquels on conserve les insectes et les œufs sont de genres très différents. Le premier modèle à mentionner est une boîte d'exposition ayant la forme d'un livre, dont la figure 85 représente une coupe.

Le couvercle inférieur est fixe, mais l'autre est fixé sur charnières au dos. Le verre qui se trouve au-dessous de ce couvercle mobile repose sur de petits morceaux de bois collés à l'intérieur de la boîte, et est fixé définitivement, quand les spécimens sont au complet, et la boîte remplie par des bandes de papier décoratif collées.

Certaines de ces boîtes-livres auront, par exemple, le dos en acajou et les nervures d'un autre bois, ébène ou sapin, mais il vaut bien mieux

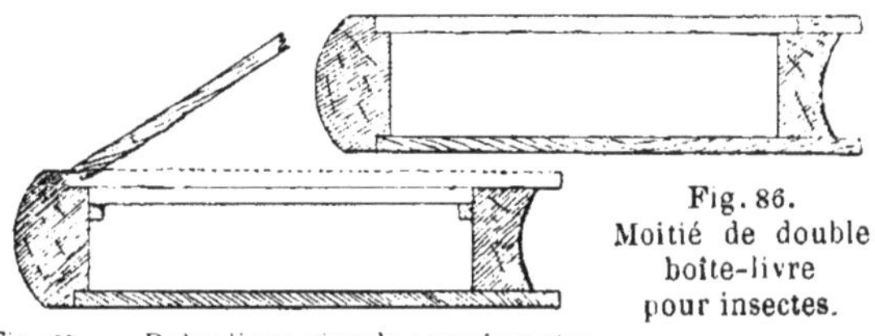

Fig. 86. Moitié de double boîte-livre pour insectes.

Fig. 85. — Boîte-livre simple pour insectes.

couvrir le dos avec du cuir, y mettre un titre doré, et orné. On aura alors un véritable volume.

Généralement, les relieurs fixent le papier sur le dos des livres avec de la bonne colle de pâte, mais pour la toile, il faut de la colle forte. Il n'est pas d'usage, toutefois, de voir ces boîtes-livres simples ; ordinairement, il y en a deux montés sur charnières au dos, s'ouvrant, par

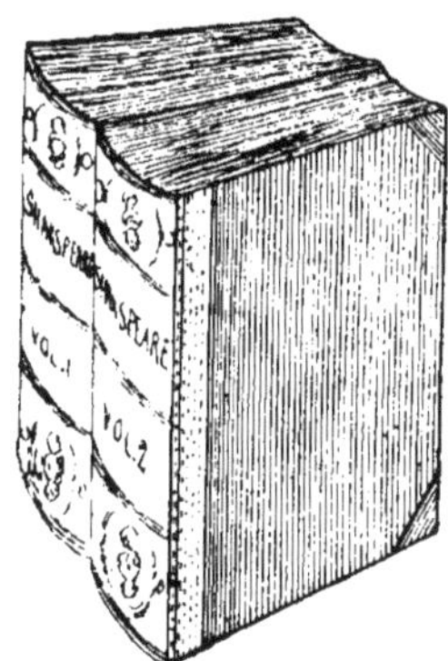

Fig. 87. — Boîte-livre double pour insectes.

conséquent, sur le devant. Dans ce cas, la coupe est représentée par la figure 86. Naturellement, quand les volumes ne sont pas ouverts, le couvercle en verre de l'un fait face au couvercle en verre de l'autre — et le toucherait, n'était la reliure de papier — maintenant ainsi tout l'intérieur dans l'obscurité, condition nécessaire pour les spécimens d'entomologie, car la lumière, et tout particulièrement la lumière du soleil, altère réellement les couleurs de nombre de papillons.

La figure 87 représente l'aspect de la boîte-livre à charnières terminée.

Le fond doit être recouvert de liège afin de supporter les épingles. Le liège employé est taillé spécialement pour cet usage, c'est le « liège pour entomologie ». Il est vendu en feuilles de trois ou quatre tailles principales, mais, étant très mince (de 4 à 5 millimètres), il ne donne pas trop de prise aux épingles. Coupez donc quelques feuilles de liège en bandes de 6 millimètres et collez celles-ci sur la partie qui doit être garnie, puis, fixez les feuilles par-dessus avec de la colle. (Voir

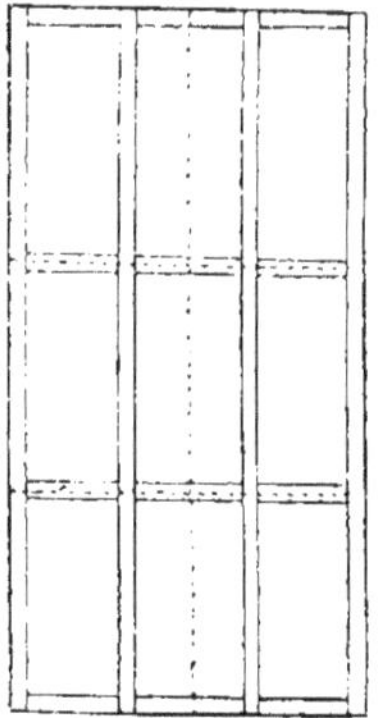

Fig. 88. — Garniture de liège de meuble à insectes.

figure 88, où les bandes sont représentées par des traits pleins, et les feuilles par des lignes pointillées). Les épingles peuvent maintenant pénétrer à une profondeur double.

La surface supérieure du liège doit être bien polie à la toile émeri ou au papier de verre, surtout aux joints, puis recouverte de papier buvard blanc. Il sera bon de mettre quelques gouttes d'acide phénique dans toutes les colles employées à ce travail. Mettez aussi un peu d'acide en poudre ou de poudre insecticide dans les espaces qui se trouvent entre les bandes de liège, avant de fixer les feuilles de liège. Certaines personnes recommandent aussi de tremper le liège dans une solution de sublimé corrosif afin d'atténuer les mauvais effets des « mites » destructrices. On emploie surtout le camphre pour éloigner ces mites, et on en met généralement un peu dans chaque boîte ou tiroir. On peut ménager à cet effet un petit espace triangulaire à un ou plusieurs coins, au moyen d'un morceau de bois, ou même de carton.

Les meubles ne sont, à vrai dire, rien de plus que des commodes, mais doivent être si adroitement établis que, même les ébénistes trouvent le travail difficile. On peut les faire en différents bois, et de diverses dimensions. Les meilleurs bois sont l'acajou, le chêne et le sapin. Il vaut mieux éviter d'employer le cèdre, en raison de sa propriété particulière d'émettre une substance résineuse qui peut détériorer les objets exposés. Il est indispensable, aussi, que le bois employé soit bien sec, car la moindre fente laisserait pénétrer la poussière et les insectes qui pourraient détruire toute une collection, fruit de plusieurs années de travail patient.

Il peut être bon de donner une liste des sortes de meubles que l'on

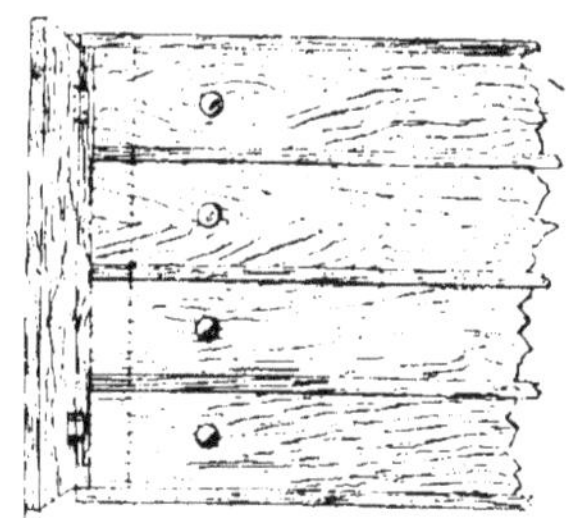

Fig. 89. — Tiroirs avec montant à charnières.

voit le plus fréquemment. 1° Bois blanc peint et poli imitant l'acajou ou le noyer. Le bois blanc peint en noir et poli, relevé en certains endroits d'ornements dorés, ne se rencontre pas souvent, mais il est très décoratif. 2° Bois blanc poli, avec le devant des tiroirs plaqué. 3° Devant des tiroirs en bois blanc poli, avec portes plaquées à panneaux de glaces. 4° Bois blanc poli et portes en acajou avec panneaux de glaces. 5° Bois blanc poli et montants tournés d'acajou. 6° Acajou plein, poli. 7° Acajou poli, et porte à panneaux de glaces. 8° Acajou poli, et montants tournés. Pour plusieurs raisons, les tiroirs doivent être disposés de telle sorte que l'on puisse les tenir fermés quand on le veut ; dans ce but, le meuble doit être pourvu d'une porte vitrée ou de deux montants à charnières fixés aux deux parties verticales du cadre de façon que chacun d'eux couvre environ 3 centimètres de l'extrémité de chaque tiroir. La figure 89 représente l'un de ces montants ouvert ; la ligne pointillée indique la partie recouverte quand il est fermé. Une serrure sur l'un de ces montants empêche d'ouvrir les tiroirs, de sorte qu'un seul montant a besoin d'être pourvu de serrure, puisque le second ne figure que pour la symétrie de l'ensemble.

Voici une liste des principales tailles de meubles pour collections entomologiques :

Nombre de tiroirs.	Hauteur en centimètres.	Largeur en centimètres.	Profondeur en centimètres.
4	30	32,5	20
6	40	37,5	22,5
8	55	55	27,5
10	68,5	49	30
12	84	49	41
14	48	49	41
16	109	49	41
18	120	49	41
20	132,5	49	41

Dans les cinq dernières, la taille des tiroirs est généralement 42 cm. 5 sur 37 cm. 5, montés sur tringles.

Les meubles pour collections d'œufs d'oiseaux ne sont pas garnis de liège ; mais chaque tiroir est divisé par des séparations en un certain nombre de compartiments dont les dimensions dépendent des œufs qui doivent y figurer.

Les dimensions courantes sont les suivantes :

Tiroirs.	Divisions	Hauteur en centimètres.	Largeur en centimètres.	Profondeur en centimètres.
4	75	32,5	30	23
6	122	46	37,5	23
8	238	62,5	47,5	27,5
10	348	82	55	35
11	371	95	65	45

On peut parfaitement disposer les œufs sur des plateaux de bois peu profonds.

Etalez un peu d'ouate ou de coton brut, soit blanc, soit rose, sur chaque plateau, puis ménagez une dépression au milieu, où vous mettez l'œuf, le trou en dessous.

Pour classer les œufs, divisez-les comme suit : 1° Rapaces, ou oiseaux de proie (faucons, éperviers et hiboux). 2° Percheurs (la plupart des oiseaux). 3° Gallinacés (pigeons, gibier, autruche). 4° Gallipèdes ou échassiers (oiseaux des rives, hérons, bécasses, râles, foulques). 5° Nageurs (canards et mouettes).

Après avoir choisi le bois et décidé la taille et le nombre des tiroirs, on peut fabriquer le meuble. La fabrication d'un meuble pour collection d'œufs comprend trois phases indépendantes : 1° confection du cadre du meuble ; 2° construction des tiroirs ; et 3° pose des glaces sur les tiroirs.

La partie extérieure peut être construite comme une commode ordinaire ; la figure 89 donne un croquis d'un partie d'un meuble de ce genre.

La forme suivante de meuble pour œufs n'a, comme le montre la

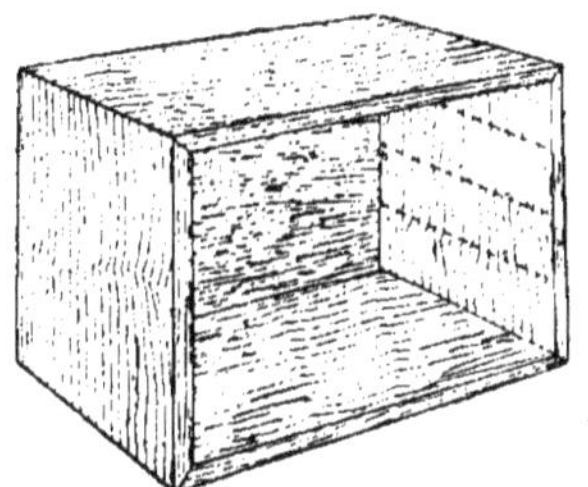

Fig. 90. — Corps du meuble.

figure 90, que des parois extérieures. Ici, les tiroirs se touchent, au moins sur le devant, et ne sont pas séparés comme dans la figure 89. Donc, il faut imaginer un dispositif pour les glissements ; il y a alors une rainure pratiquée dans le côté du tiroir, dans laquelle glisse un coulant fixé à l'intérieur de la paroi du meuble, ou la combinaison inverse. Les lignes pointillées de la figure 90 indiquent l'emplacement de ces rai-

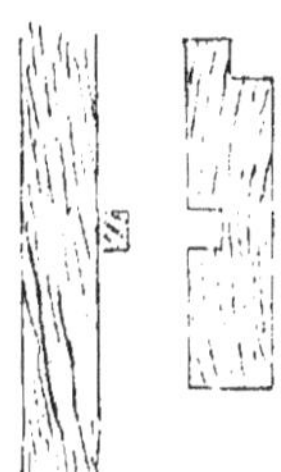

Fig. 91. — Coupe de tiroir montrant la rainure et le coulant.

nures. La figure 91 représente la coupe d'une partie d'un tiroir pourvu d'une rainure taillée pour recevoir un coulant fixé à l'intérieur du cadre du meuble. Cette disposition est la meilleure, et avec un peu d'ingéniosité on parviendra à l'exécuter sans déformer la face du meuble. La figure 92 montre un procédé simple à cet effet ; il s'agit simplement d'entailler sur la moitié de son épaisseur la partie antérieure du tiroir et de ne pas découper la rainure dans la partie qui en reste.

La figure 93 donne une coupe semblable à la figure 91, mais la rainure et le coulant sont disposés inversement. Ce procédé ne vaut pas celui que représente la figure 91, car le devant est forcément déparé par le coulant qui est visible.

Quelquefois, les tiroirs sont disposés comme l'indique la figure 94, où le coulant est constitué par le fond du tiroir prolongé suffisamment pour pénétrer dans la rainure. Cependant, pour la facilité de la construction et pour la netteté de l'apparence, on doit assurément accorder la préférence au procédé que représente la figure 91.

C'est un avantage d'avoir les tiroirs du meuble disposés de telle

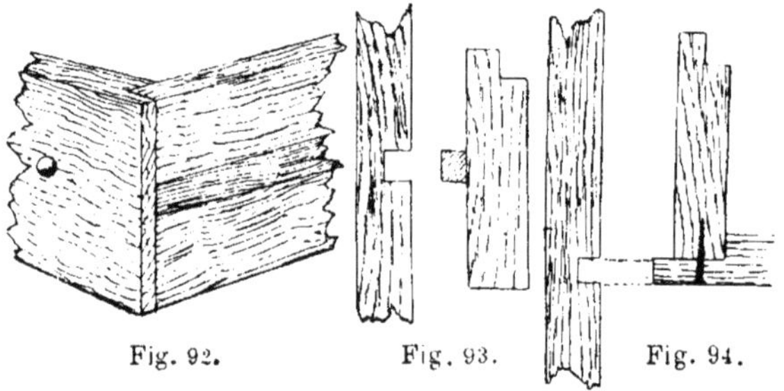

Fig. 92. Fig. 93. Fig. 94.

Fig. 92. — Tiroir avec paroi évidée.

Fig. 93 et 94. — Coupes de tiroirs montrant les rainures et le coulant.

sorte qu'on ne puisse les sortir entièrement ; cela obvie au risque de les faire tomber en les tirant trop fort, et de détériorer à la fois le tiroir et son contenu. On peut facilement éviter ceci en posant dans la paroi du cadre et près du devant une vis dont la pointe passerait dans la rainure creusée assez profondément pour le coulant, mais non pour la vis ; par conséquent le tiroir est arrêté sur le fond lorsqu'il atteint la vis.

La figure 95 représente une vis en laiton disposée dans ce but, mais une vis ordinaire fera tout aussi bien l'affaire, bien que l'on ne puisse pas l'enlever aussi facilement si on veut déplacer le tiroir. Une vis à une extrémité seulement travaille tout aussi bien que s'il y en a une à chaque extrémité du meuble. C'est dans la partie du travail que nous venons de décrire que réside la difficulté pour faire un meuble de premier ordre. Les tiroirs doivent être absolument interchangeables, et ceci doit être le cas quel que soit le mode de glissement adopté.

La manière de fixer la glace sur chacun des tiroirs demande explication. Les figures 96 à 101 montrent divers procédés tendant à ce même résultat. 1° Dans le premier cas, illustré par la figure 96, le verre se pose simplement dans un espace formé en chanfreinant une partie de la paroi intérieure du tiroir ; ou sur quatre morceaux de bois fixés intérieurement à la hauteur convenable, comme le montre la figure 97. La figure 96 est mieux, en ce qui concerne la netteté, mais aucun des deux procédés n'est recommandable, parce que la poussière pénètre facilement entre la glace et le bois. En collant du velours sur le chanfrein, on pourra obvier dans une certaine mesure à cet inconvénient,

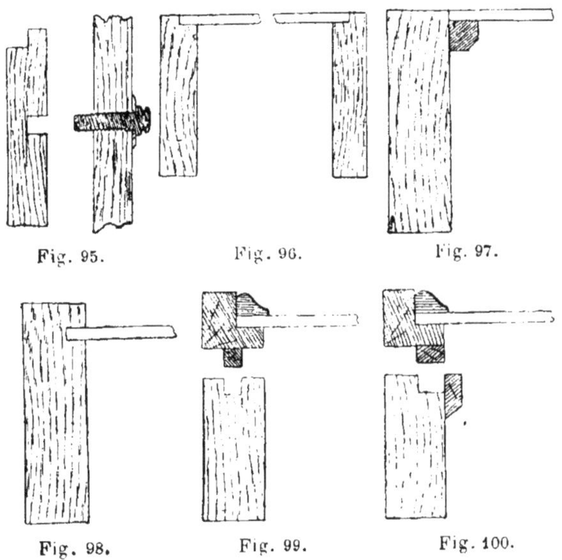

Fig. 95. Fig. 96. Fig. 97.

Fig. 98. Fig. 99. Fig. 100.

Fig. 95. — Vis pour empêcher les tiroirs de sortir.
Fig. 96 à 100. — Manières de fixer les glaces dans les tiroirs.

mais on ne doit employer ce moyen que dans le cas où le tiroir est plein, sans que l'on ait besoin d'en modifier le contenu. On peut alors fixer la glace au moyen de bandes de papier collées, et le tiroir est ainsi absolument clos. 2° La figure 98 montre un autre procédé qui est employé quelquefois. Une rainure est pratiquée le long de l'intérieur de chacun des côtés et du devant du tiroir, et l'on y glisse par l'arrière la glace; la face postérieure du tiroir est abaissée suffisamment pour laisser passer le verre. 3° Un meilleur moyen, qui est d'une exécution plus difficile, consiste à poser la glace dans un cadre qui couvre exactement le dessus du tiroir, et à former au-dessous de ce cadre un coulant glissant dans une rainure ménagée en haut du tiroir. Dans ce cas, la partie supérieure du tiroir peut être recouverte de velours, et il ne pourra pas y pénétrer de poussière (fig. 99 et 100). 4° Cette manière de faire est une variante de celle indiquée sous le numéro 1. La glace est encadrée et ce cadre est fixé par des charnières à la partie supérieure du tiroir et retombe sur le chanfrein ménagé dans les quatre parois du tiroir. 5° Sous une autre forme, le cadre (fig. 101) dans lequel la glace est fixée correspond exactement comme dimensions à celles du tiroir sur lequel il se replie. La poussière est retenue par un coulant ou filet

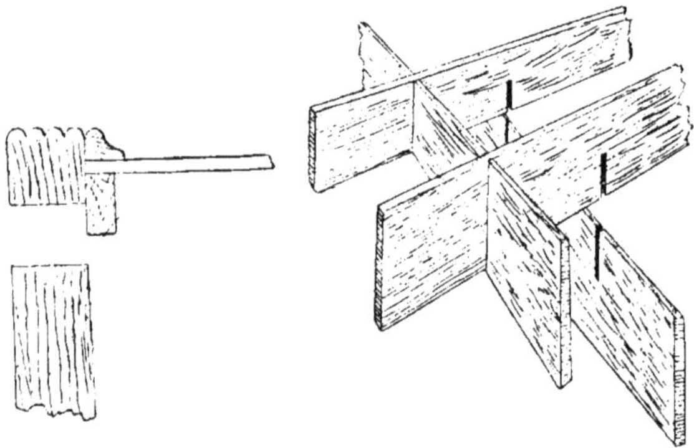

Fig. 101. — Pose des glaces dans les tiroirs.

Fig. 102. — Séparations pour collection d'œufs.

fixé sur le face intérieure du cadre et juste assez grand pour s'adapter au tiroir. 6° La glace peut aussi être fixée avec du mastic au sommet du tiroir. Le fond est maintenu par des vis qu'il faut enlever quand on veut apporter quelque changement à l'intérieur du tiroir.

Les tiroirs des meubles pour collections d'œufs n'ont pas besoin d'être garnis de liège ; il est préférable de les diviser en compartiments avec du bois d'environ 3 millimètres d'épaisseur, comme l'indique la figure 102. Chaque compartiment est alors garni de coton brut. Quelquefois, les tiroirs sont unis, les séparations fixes étant remplacées par des boîtes de carton contenant de l'ouate, mais on emploie peu ce moyen. Si l'on désire conserver des nids, on les placera chacun dans une boîte de carton munie d'un couvercle de verre.

On peut ensuite les placer l'une près de l'autre dans un tiroir assez profond pour les contenir.

CHAPITRE VIII

BOITES POUR LES SPÉCIMENS EMPAILLÉS

La construction des boîtes pour les spécimens empaillés sera traitée dans ce dernier chapitre. La boîte la plus ordinaire, et, en même temps la plus utile, est la boîte commune avec une seule paroi de verre sur le devant, et que l'on fabrique comme suit : on prépare et on équarrit d'abord tous les morceaux de bois nécessaires ; puis, avec un bouvet, on entaille environ la moitié de la profondeur le long de chaque bord. Pour assembler la boîte, on la colle d'abord, puis on la cloue, par le fond et par les côtés. Ce travail la rend solide et la garantit intérieurement contre la poussière. La figure 103 représente le joint. Le chanfrein de l'arrière reçoit le fond en bois qui y est fixé avec de la colle et des pointes. Le chanfrein de devant sert pour le verre, que maintient en place une petite baguette en onglet, ou qui est fixé par des bandes de papier collées à la fois sur le bois et sur le verre ; on peut aussi se servir en même temps de papier et de baguette. On peut mettre une moulure dorée en dehors du verre, au lieu de la baguette, ou, si on le préfère, à l'intérieur du verre, en plus de la baguette.

Dans la boîte à face de verre, le devant et deux des bouts sont en verre ; et le dessus, le fond et l'arrière sont en bois, chanfreinés et fixés comme nous l'avons vu plus haut. Pour bien assujettir les joints de l'arrière, on fixe des montants entre le dessus et le fond aux angles de devant. Pour les petites boîtes, ces montants peuvent être faits en fil de fer replié dans le fond et dans le dessus, où il sera dissimulé ultérieurement par la bordure de papier. Dans les grandes boîtes, les montants seront en bois ; si les boîtes sont ordinaires, une bande de

6 millimètres seulement, avec le coin intérieur arrondi, sert de montant. Le tout sera masqué par d'étroites bandes de papier noir qui seront collées le long des bords verticaux du verre pour cacher les joints. Les meilleures boites ont des montants de 16 millimètres au carré, et des chanfreins pour le verre pratiqués sur les côtés opposés (fig. 104).

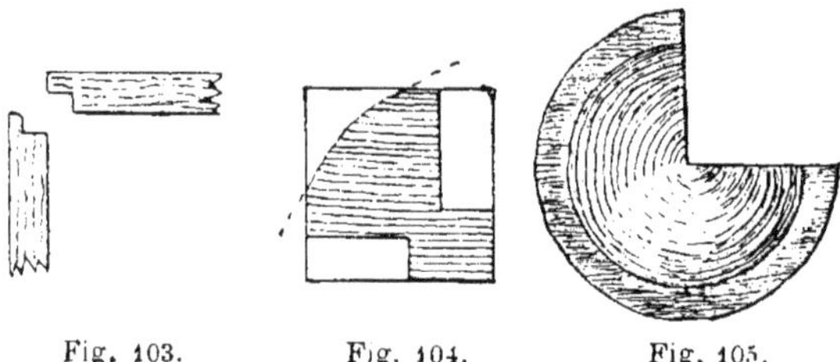

Fig. 103. Fig. 104. Fig. 105.

Fig. 103. — Joint de boite. Fig. 104. — Coupe de montant de boite. Fig. 105. — Coupe de montant en bambou.

L'angle extérieur devra être soigneusement arrondi. Cette boîte pourra porter une pièce de moulage sur le dessus et sur le fond.

On peut facilement faire une boîte fantaisie ayant des montants de bambou fixés sur la partie extérieure du verre (fig. 105). De fines bandes de bambou peuvent remplacer la baguette sur le haut et le bas

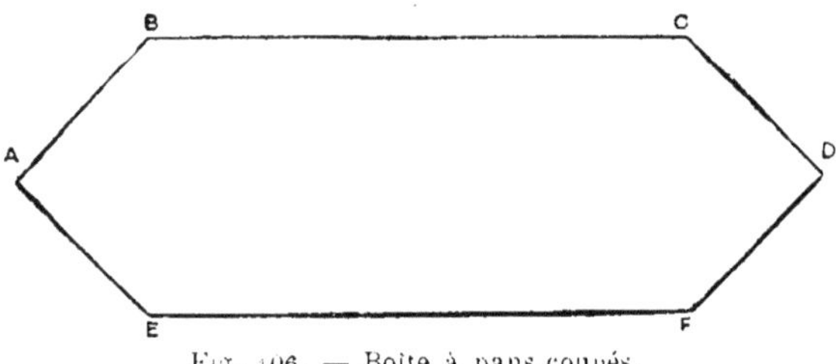

Fig. 106. — Boite à pans coupés.

du verre, tandis qu'une moulure peut être formée avec du bambou fendu en deux au milieu, et collée et clouée sur le bois.

Nous ne mentionnerons la boîte à pans coupés que pour avoir l'occasion de la condamner.

Un plan en est représenté par la figure 106. AB et CD sont les côtés, et BC l'arrière, le tout est en bois. L'autre partie AE FD est en verre. Il est à peine besoin de dire que, en H et en F, il y aura deux lignes noires qui rendront inutilisables les parties triangulaires BAE et CDF, ou qui gâteront l'aspect de tout ce que l'on y mettra.

Les meilleures boites à poisson sont celles dont le verre est courbe. La figure 107 donne le plan d'une boite pour mettre des poissons qui nagent. AB, CD et BC sont les côtés et l'arrière en bois ; AD est le devant en verre courbe. La figure 108 représente une coupe d'une boîte qui convient pour un poisson étendu sur une rive : AB est l'arrière, BC le fond, tous les deux en bois, et AC est le verre courbe.

Parfois, on met des oiseaux dans ces boîtes.

Les verres sont de trois sortes : les ronds, qui ne sont pas à recommander; les ovales, qui sont un peu meilleurs ; et les carrés qui sont les meilleurs et les plus chers. Il est bien préférable de prendre des

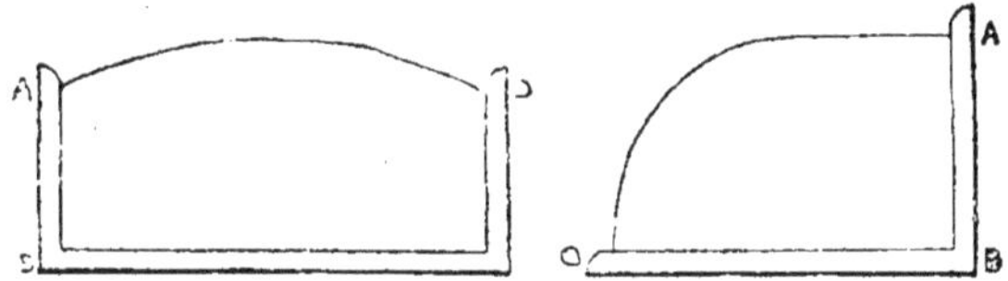

Fig. 107 et 108. — Coupes de boites à poissons avec devants en verre courbe.

« montures » qui sont simplement les dessus des verres ronds s'adaptant dans des supports tournés. Ceux-ci sont très bien, et avec un ou deux petits oiseaux, des chardonnerets, par exemple, et quelques jolies herbes, ils forment vraiment de beaux ornements à pendre à un mur.

Le verre est fixé au support au moyen de plâtre mélangé avec de l'eau. Le joint peut être dissimulé par une bande de couleur ou de dorure, mais le procédé ordinaire consiste à employer un ruban de chenille. On peut faire une monture avec cinq morceaux de verre, et un fond en bois, ce dernier ayant un chanfrein le long de chacun des bords, et les verres étant attachés ensemble avec des bandes de papier ou du ruban.

De la même manière, on pourra aussi faire de grandes boîtes, et mettre des baguettes de bambou le long de chaque arête, extérieurement. La figure 105 indique la manière de couper ces baguettes.

La boîte sera mise en couleur d'ébène comme suit : ajoutez, en remuant, à de la colle légère bien chaude, assez de noir de fumée pour former de la couleur et couvrez-en avec un pinceau la boîte et ses diverses parties, tandis que la peinture est très chaude. Lorsque c'est sec, polissez, avec du papier émeri, s'il le faut, puis recouvrez d'une couche de laque noire. Pour achever l'intérieur, on pourra creuser la paroi d'arrière suffisamment pour y placer une toile tendue sur un cadre de bois. Sur cette toile, on pourra peindre à l'huile quelque scène appropriée. Dans ce cas, on disposera probablement de la même manière le dessus et les côtés, et on assujettira le verre avec du mastic. C'est le seul cas où l'on puisse fixer ainsi le verre, car si la tenture est en papier, l'huile du mastic s'étalera dessus et la gâtera entièrement. La plupart du temps, l'intérieur est couvert de papier collé puis colorié à la détrempe; les couleurs employées dans ce but sont la céruse, le bleu de ciel, le carmin, et le jaune de chrome; nous croyons que la céruse a moins de tendance à rayer que le blanc d'Espagne.

Il est bon d'ajouter un peu de bleu au blanc pour faire les tons du ciel, et sur la moitié inférieure de l'arrière, on pourra mélanger de jaune en augmentant petit à petit de manière à obtenir un fond absolument jaune. Si l'on met ensuite quelques bandes légères de carmin, on peut représenter assez heureusement un coucher de soleil avec des nuages flottants, floconneux; mais il faut se servir de très peu de carmin.

Le papier que les peintres appellent papier de plafond convient très bien pour cet usage ainsi que toute espèce de papier fort. Pour fixer le verre et pour recouvrir les bords droits des petites boîtes, on prend du papier glacé noir.

Au lieu de faire seulement un ciel, on peut aussi représenter en peinture des scènes ou des paysages dans les intérieurs des boîtes; et, pour finir, on peint en travers de tout une ou deux grandes fleurs.

La boîte étant faite, coloriée, terminée, il reste à dire comment on y place un oiseau empaillé. Celui-ci aura été préparé suivant les procédés décrits dans le chapitre II, et il devra être absolument sec. Comme il s'agit de représenter l'oiseau dans son milieu naturel, il faut remplacer le sol ou le roc par quelque chose de léger et cependant si ressemblant à la nature que la différence ne puisse être remarquée. Le papier brun est le produit que l'on emploie dans ce but. Il est bon, en tout cas, de faire une base factice sur laquelle on fixera, par exemple, les rochers; puis, on placera le tout, en l'attachant par de fines vis sur le fond.

Après avoir coupé des morceaux de vieilles boîtes, par exemple, d'environ 6 millimètres, aussi grands que le fond de la boîte à garnir, chanfreinez les extrémités et le devant si vous devez mettre un verre, puis fixez l'oiseau, ou les oiseaux, à l'aide de petits morceaux de bois, dans la position et à la hauteur qui vous paraîtront les plus convenables. Supposons que d'un côté il faille mettre une colline; procurez-vous un morceau de fort papier brun, dont vous attacherez un bord avec des épingles fines; introduisez dessous des copeaux ou du papier froissé que vous mélangerez avec de l'acide phénique ou de la poudre insecticide en petite quantité, puis ramenez l'autre bord du papier sur la base factice, et fixez-le avec des épingles. Après avoir disposé les autres parties du papier, faites d'autres collines ou monticules où vous le jugerez à propos. Continuez jusqu'à ce qu'il y ait une certaine ressemblance avec le croquis qu'il faut toujours faire avant de commencer un travail de ce genre. Prenez ensuite un peu de papier plus fin ; le meilleur à cet égard est le papier fin d'emballage, brun clair dont on se sert pour les petits paquets. Arrachez-en un petit morceau, gros comme une pièce de dix centimes, couvrez-le de colle de pâte et commencez à réunir entre elles toutes les collines. Ce travail est long, mais tout dépend du soin avec lequel il est fait. Il faut dissimuler tous les faux plis et les arêtes vives, réunir toutes les collines dans les vallées et bien ajuster les bords du papier brun sur la base. Ne vous servez que de petits morceaux de papier, et mettez beaucoup de colle de pâte.

Laissez sécher votre ouvrage, puis mélangez du plâtre avec de la colle légère très chaude, en quantité suffisante pour avoir une consistance crémeuse. Puis, avec un petit pinceau, recouvrez de cette composition toutes les parties du fond, pendant qu'elle est encore très chaude et appliquez-la sans la ménager. Le tout pourra être sec dès le lendemain. Badigeonnez-le alors avec de la colle légère, et jetez-y une certaine quantité de sable fin. Il faut que toute la colle soit dissimulée par le sable qui doit donc être copieusement appliqué.

Lorsque le travail est sec, commencez à le colorier avec des couleurs à l'huile bien étendues avec de la térébenthine, et parfaitement mélangées. Il est impossible de colorier une boîte de ce genre d'après une description écrite seulement ; la nature seule devra être copiée, si l'on veut obtenir un bon résultat. Choisissez un terrain, ou un rocher, faites-en une esquisse et reproduisez-la dans la boîte. Il pourra être intéressant de briser pour l'emporter un petit morceau de roche, ou de rapporter soigneusement à la maison un échantillon de terre, puis de préparer les couleurs pour assortir les nuances.

Voici des coloris choisis :

Terrain. — Jaune, sienne brûlée (avec ou sans terre d'ombre brûlée), et noir, en faisant les parties en retrait, les creux, un peu plus foncés, et en ajoutant du vert sur les parties élevées.

Craie. — Mélangez le sable avec la colle et le plâtre, et ne jetez plus de sable après. D'abord, une légère teinte de jaune, puis, à certains endroits, la plus légère nuance de carmin, et une ou deux lignes au crayon noir pour marquer les couches du terrain. Les surfaces humides, vaseuses, pourront être en vert foncé. Vernissez ce qui doit paraître mouillé.

Grès. — Les couleurs sont les mêmes, mais les pointes pourront être blanchies ; on pourra jeter du sable rouge sur certaines parties et faire paraître vaseux les endroits horizontaux.

Roches marines. — Celles-ci sont presque noires avec les bords verts et une très légère teinte blanche sur le tout. Vernissez-les si elles doivent paraître mouillées. Très bien pour les oiseaux de mer blancs ou de couleur claire.

Empreintes dans la vase. — On les fait parfois d'une nuance d'ardoise foncée, en creux de 6 millimètres environ.

Tourbe. — On s'en sert souvent pour faire la base, particulièrement lorsqu'on veut gagner du temps. Elle peut être taillée en toutes formes, collée et clouée, puis recouverte de plâtre, de sable, comme il est dit ci-dessus.

Liège brut. — Il est utile pour la représentation des rochers irréguliers et aigus, et des troncs d'arbres.

Branches. — On peut les faire de toutes formes en enroulant de l'étoupe sur des fils de fer, puis, en recouvrant le tout avec de la colle et en jetant dessus des lichens pulvérisés. Toutefois, on les fait plus facilement en clouant ensemble des petites branches allant dans différentes directions, et en masquant les raccords avec de la colle et un bourrage que l'on recouvre de lichens. Le chêne est le meilleur bois pour cet usage ; mais il faut qu'il soit absolument sec et qu'on le recouvre d'une certaine quantité de térébenthine légèrement teintée de vert avec de la peinture de cette couleur, après l'assemblage.

Fougères. — Toutes les espèces de fougères ne conviennent pas à ce genre d'ornementation. Il faut faire un choix suivant la boîte et la garniture qu'elle doit contenir. On cueille les fougères par une sèche journée d'automne, on les presse entre des feuilles de journaux ou de papier buvard, et, quand elles sont sèches, on les colore avec de la peinture à l'huile. Elles font meilleur effet lorsqu'on les colorie de différentes nuances ; donc, peignez-en un certain nombre en vert clair avec le milieu plus foncé. On peut en faire d'autres jaunes ou couleur de la pierre avec le centre brun ou rouge. (Celles-ci paraissent flétries). Quelques-unes sont vertes avec l'extrémité rougeâtre (flétrissure) ; d'autres sont vertes d'un côté et brunes de l'autre, et ainsi de suite. On peut leur faire prendre la forme que l'on veut en les tirant soigneusement entre le pouce et l'index, lorsque la peinture est sèche.

Feuilles. — On se sert de feuilles en papier ; il faut les prendre résistantes.

Herbes. — Le premier champ de foin venu offre une grande variété d'herbes qui, lorsqu'elles sont en graines, sèchent bien et prennent facilement la teinture ; on ne devra se servir que de couleurs neutres ;

et même la plupart des herbes font meilleur effet à l'état naturel.

Beaucoup d'herbes grossières (pas les tiges qui portent les graines) croissent auprès de la mer et dans les endroits incultes, en touffes; la plupart de celles-ci sèchent bien et sont faciles à teindre. On peut cueillir des quantités de graminées à la fin de l'automne; elles prennent fort bien la couleur, mais il faut tout d'abord retirer les graines. Servez-vous de couleurs à l'huile pour toutes les fougères, herbes et graminées. La nuance la plus difficile à imiter est la couleur verte de l'herbe; un mélange de blanc et de vert de chrome devra donner un bon résultat. Les teintures ne seront employées que pour l'herbe en fleur et pour la mousse. Les lichens et les joncs sèchent bien et prennent également bien la couleur. Les joncs sont ordinairement repassés au fer pour éviter le racornissement.

Algues. — Les algues doivent être lavées avec soin, afin d'enlever le sel, puis vernies, si on veut qu'elles paraissent mouillées. Les étoiles de mer sèchent bien (après avoir été soigneusement lavées), mais il faut les teinter pour leur rendre leur couleur naturelle. La colle suffit pour fixer les astéries, les coquilles et les algues.

La rocaille étant coloriée, les parties non peintes (pieds, pattes) des oiseaux empaillés devront être restaurées avec de la peinture, si ce n'est déjà fait, tous les fils de fer et supports inutiles seront enlevés, et on fixera ensuite les herbes; puis, comme dernière opération, on recouvrira tout l'oiseau avec de la benzine pour détruire les insectes qui pourraient encore s'y trouver. Celle-ci sera bientôt évaporée; on devra alors mettre le tout dans la boîte et l'y fixer au moyen de deux ou trois vis. On assujettira ensuite le verre et on placera des bandes de papier où cela sera nécessaire; ces bandes seront finalement recouvertes d'une couche de vernis noir.

TABLE DES MATIÈRES

E. GREVIN — IMPRIMERIE DE LAGNY

Publications récentes

DE LA LIBRAIRIE

BERNARD TIGNOL

Librairie Scientifique, Industrielle et Agricole

ACQUÉREUR DES PUBLICATIONS DE LA

Librairie de l'École Centrale des Arts et Manufactures

53bis, quai des Grands-Augustins, Paris

TÉLÉPHONE : 823-28.

LES AÉROPLANES

Historique, Calcul et Construction des Aéroplanes

Par H. de GRAFFIGNY

Un beau volume in-8°, avec figures et planches dans le texte, 4 planches hors texte en phototypie. — Prix. . . . . . . **4 fr.** »

MANUEL PRATIQUE

DU

MONTEUR ÉLECTRICIEN

Par J. LAFFARGUE, Ingénieur-Électricien

ONZIÈME ÉDITION ENTIÈREMENT REFONDUE

Un vol. petit in-8°, reliure anglaise, 1.020 pages, 693 fig. et 5 pl. en couleurs. — Prix. 10 fr. »

CONSTRUCTION ET EMPLOI

des Machines et Appareils Électriques

Ouvrage à l'usage des Élèves des Écoles Industrielles et des Ouvriers Électriciens

Par Antoine LUZY

Sous-chef d'atelier à l'École Nationale d'Arts et Métiers de Lille

Un beau volume in-8° broché, 2e édition. — Prix. . . . . . . 6 fr. »

Cet ouvrage, aux prétentions modestes, mais d'un genre nouveau, est la deuxième édition d'un travail dont le succès n'avait pas été prévu.

C'est que l'auteur, en bon praticien, a su grouper, dans les pages de son livre, des principes de travail extrêmement substantiels et toujours basés sur l'expérience. Les tours de main et les conseils relatifs aux travaux d'appareillage et à la construction des enroulements des dynamos, sont particulièrement précieux, pour ceux qui veulent s'initier à des méthodes de travail, souvent gardées jalousement par ceux qui les possèdent.

Manuel de l'Apprenti et de l'Amateur électricien

Volumes in 16, avec de nombreuses figures dans le texte

Par MM. MARIE, ZÉDA et DE GRAFFIGNY

EXTRAIT DE LA TABLE DES MATIÈRES

PREMIÈRE PARTIE. — *Principes d'électricité, Machines électriques*, par R. MARIE; in-16, fig. 1 à 104. — Prix. . . . . 2 fr. »

DEUXIÈME PARTIE. — *Sonneries électriques, Paratonnerres*, par H. ZÉDA; in-16, fig. 105 à 203. — Prix . . . . 2 fr. »

TROISIÈME PARTIE. — *Les Téléphones privés et publics*, par H. ZÉDA; in-16, fig. 204 à 285. — Prix. . . . . 2 fr. »

QUATRIÈME PARTIE. — *La Traction électrique, Tramways et Chemins de fer*, par R. MARIE; in-16, fig. 286 à 317. — Prix. . . . . 2 fr. »

CINQUIÈME PARTIE. — *Eclairage électrique dans les appartements*, par H. DE GRAFFIGNY; in-16, fig. 318 à 386 et 4 plans de pose en couleurs. — Prix. . . . . 2 fr. »

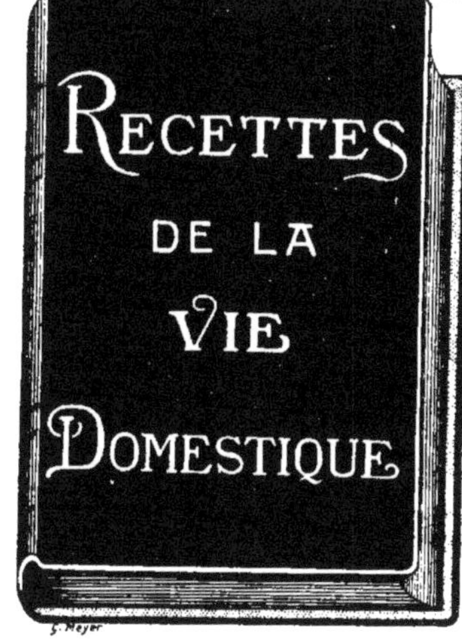

LES MEILLEURES RECETTES PRATIQUES

Par Daniel BELLET

Premier volume. — **Recettes de la Vie Domestique.** Un volume in-16 de 247 pages, cartonné. — Prix. . 2 fr. »

Deuxième volume. — **Recettes de la Ferme et du Château.** Un volume in-16 de 230 pages, cartonné. — Prix. 2 fr. »

Troisième volume. — **Recettes des Arts et Métiers.** Un volume in-16 de 200 pages, cartonné. — Prix. . 2 fr. »

ÉMILE COLIN ET Cie — IMPRIMERIE DE LAGNY — E. GREVIN, SUCCr.

www.ingramcontent.com/pod-product-compliance
Ingram Content Group UK Ltd.
Pitfield, Milton Keynes, MK11 3LW, UK
UKHW020319180726
13839UKWH00001B/495

9 782329 422633